THINK
AND
GROW RICH

思考

[美]拿破仑·希尔——著　　杨蔚——译

致富

NAPOLEON
HILL

SPM 南方传媒　广东人民出版社
·广州·

果麦文化 出品

目录
CONTENTS

作者自序 001
AUTHOR'S PREFACE

1 | 序幕 011
INTRODUCTION

2 | 欲望 029
DESIRE
通往财富宝藏的第一级台阶

3 | 信念 053
FAITH
通往财富宝藏的第二级台阶

4 | 自我暗示 076
AUTO-SUGGESTION
通往财富宝藏的第三级台阶

5 | 专业知识 084
SPECIALIZED KNOWLEDGE
通往财富宝藏的第四级台阶

6 | 想象力 101
IMAGINATION
通往财富宝藏的第五级台阶

7 | 有序的计划 118
ORGANIZED PLANNING
通往财富宝藏的第六级台阶

8 | 决断 168
DECISION
通往财富宝藏的第七级台阶

9 坚持 182
PERSISTENCE

通往财富宝藏的第八级台阶

10 智囊的力量 204
POWER OF THE MASTER MIND

通往财富宝藏的第九级台阶

11 性欲转化的奥秘 213
THE MYSTERY OF
SEX TRANSMUTATION

通往财富宝藏的第十级台阶

12 潜意识 235
THE SUBCONSCIOUS MIND

通往财富宝藏的第十一级台阶

13 大脑 244
THE BRAIN

通往财富宝藏的第十二级台阶

14 第六感 252
THE SIXTH SENSE

通往财富宝藏的第十三级台阶

15 如何战胜六大恐惧 265
HOW TO OUTWIT THE SIX GHOSTS OF FEAR

作者自序
AUTHOR'S PREFACE

多年来，我悉心研究了五百多个卓越的大富豪，找到了创造财富的奥秘。接下来，我们将在本书中逐章提及这些发现。

最初是安德鲁·卡耐基[1]向我揭示了这一秘诀，那是至少二十五年以前的事了。这位精明可爱的苏格兰老人漫不经心地将它投进我的脑海，那时我还只是个男孩。当时，他说完话，坐回椅子上，眼里闪着愉快的光芒。他注视着我，看我有没有充分理解他的金玉良言。

眼看我明白了他的意思，他问我是否愿意花费二十年甚至更多的时间，投身其中，将它展现给全世界，献给所有因为不知道这个奥秘而可能在失败中度过一生的男女。我说："我愿意。"终

1　安德鲁·卡耐基（Andrew Carnegie，1835—1919），出生于苏格兰的美国实业家、慈善家，曾创办美国钢铁公司的前身匹兹堡卡耐基钢铁公司，有美国"钢铁大王"之称，晚年致力于慈善事业，拿出约3.5亿美元财产投放于教育等多个领域。

于，在卡耐基先生的帮助下，我也实现了这一承诺。

本书所蕴含的秘诀适用于各行各业，每一条都经历过成千上万次的实践检验。将这个魔法公式公之于众，帮助所有无力自行挖掘他人致富之谜的人，这是卡耐基先生的想法；也正是他，希望我通过研究各行各业男女的经验，测试并验证这个曾为他本人带来巨额财富的魔法公式的正确性。他认为这一公式应该被纳入所有公立学校和大学的教学中。他也曾说过，如果这一公式能够被好好传授，必将彻底变革整个教育体系，人们在校园里浪费的时间也将至少减少一半。

卡耐基先生目睹了查尔斯·迈克尔·施瓦布[1]和其他像施瓦布一样的年轻人的成长，他坚信如今学校里教的东西，在如何赚钱维生、积累财富之类的事上无法提供任何价值。为何得出这样的结论，是因为他曾将一个又一个年轻人带入自己的事业版图，其中许多都相当缺乏学校教育，他指导他们应用这一公式，成功挖掘出了他们身上珍贵的领导力。可以说，他的教诲让所有遵从其指引的人都赢得了财富。

在"信念"一章中，你会读到商业巨头美国钢铁公司如何成立的惊人故事，构思并实现这一设想的正是其中一个年轻人。在年轻人身上，卡耐基先生证明了他的公式能够应用于所有做好准备敞开怀抱接受它的人——这是获取秘诀的唯一前提，这位名叫

---

[1]　查尔斯·迈克尔·施瓦布（Charles Michael Schwab，1862—1939），美国钢铁大亨，一手将伯利恒钢铁公司发展成为当时的美国第二大钢铁行业巨头，该公司于2003年宣布破产。职业生涯之初，他只是卡耐基旗下钢铁工厂里的一名工人。

施瓦布的年轻人正是凭借这一点，才赢得了金钱与时运的双重大丰收，积累了巨大的财富。粗粗一算，这种信念价值六亿美元。

这些事实——所有听过卡耐基先生大名的人都知道的事实——传达了一个美好的愿景，它们会告诉你，阅读本书将为你带来什么，并让你明白你想要的究竟是什么。

甚至早在这为期二十年的实验之前，就已经有超过十万人知道并实践过这个秘诀，其中有男有女，正如卡耐基先生所预料的，所有人都能从中获益。有人借助它赢得财富，有人靠它实现家庭和睦，一名牧师善用了它，为他带来了高达七万五千美元的年收入。

亚瑟·纳什是辛辛那提的一名裁缝，在濒临破产之际抱着"死马当作活马医"的心态尝试了这一公式。事业起死回生，为他带来了不菲的回报。尽管纳什先生本人已逝，他留下的生意直到现在依然欣欣向荣。报纸杂志用超过一百万美元的投入，大力推广这个独特的案例。

得克萨斯州达拉斯的斯图尔特·奥斯汀·威尔得知了这一秘诀。他早已蓄势待发，甚至为它放弃了自己的专业，转而学习法律。他成功了吗？我们之后也会谈到他的故事。

我将秘诀告诉了詹宁斯·伦道夫[1]，就在他大学毕业的当天，他将其视为指导原则，并成功践行，到今天，他在连任三届国会议员后赢得了一个绝佳的机会，最终进入白宫。

1　詹宁斯·伦道夫（Jennings Randolph, 1902—1998），美国政治家，民主党人士，1958年补缺进入参议院，此后连任四届至1985年。

我曾担任拉塞尔远程教育学院的广告部经理，当时学校名不见经传，我有幸见证了杰西·格兰特·查普林[1]校长如何善用这一公式，将拉塞尔一手打造成美国最知名的远程教育学院之一。

在本书中，我不下一百次以"这个秘诀"的说法指称以上提到的方法，却从未直接为它命名。这是有原因的。似乎唯有赤裸裸地袒露在已经做好准备、正在寻找并且很可能接纳它的人眼前，它才能更好地发挥作用。这也是卡耐基先生会那样平静地将它抛给我，却不曾提及某个特定称谓的理由。

如果你已经准备好要将它付诸实践，自然能在每一个章节里至少看见它一次。我希望能有幸告诉你该如何判断自己是否已经做好准备，可如果是那样，你的收获将远远不如你通过自己的探索所得的那么多。

本书写作期间，适逢我儿子正处在即将结束大学学业之时，他无意中读到第二章的手稿，发现了属于自己的"这个秘诀"。他立刻将之付诸实践，很快得到了一个起薪远高于同辈的体面职位。在第二章中，我也简单讲述了他的故事。如果你在翻开这本书时觉得我不免太过夸大其词，读完他的故事后，或许就能打消这样的想法。如果你已经失去了勇气，如果你难以克服那些令你失魂落魄的东西，如果你努力过却收获了失败，如果你深受疾病、缺陷或其他身体上的痛苦困扰，我儿子对于卡耐基公式的探

1　杰西·格兰特·查普林（J. G. Chapline，1870—1937），拉塞尔远程教育学院创始人。该学院位于美国芝加哥，提供商业方面的法律、财务等课程，创办于1908年，是远程教育的先锋，后期卷入不实宣传等多项起诉，于1982年关闭。

索与应用也许能成为你在绝望的荒漠中苦苦寻觅的绿洲。

这个秘诀曾在世界大战期间被伍德罗·威尔逊总统广泛应用。它被小心翼翼地夹在日常训练里，传达给每一位即将奔赴前线参战的士兵。威尔逊总统告诉我，它是募集战争资金的一剂强心针。

二十多年前，曼努埃尔·路易·奎松[1]（时任菲律宾群岛驻华盛顿专员）受"这个秘诀"启发，找到了率领他的人民赢得自由的方法。他为菲律宾人民赢得了自由，成为那个自由联邦的第一任总统。

"这个秘诀"最奇怪的一点在于，无论是谁，一旦了解它、运用它，毫不夸张地说，马上就会发现自己踏上了通往成功的康庄大道，轻轻松松，而且再也不曾遭遇失败！如果对此有所怀疑，看看那些先行者的名字吧，无论它们出现在哪个章节，自己动手查查他们的成就，然后，你必然信服。

世上从不存在"不劳而获"这样的事！

我谈到的这个秘诀，是需要付出一些代价才能得到的，尽管这代价远远无法与它真正的价值相比。无意寻找它的人无论花多少钱也买不到它。它不可赠予，不能通过金钱交易得来，因为它需要分两部分获得。只要做好了接纳它的准备，其中一部分便已经得到。

1　曼努埃尔·路易·奎松（Hon. Manuel L. Quezon，1878—1944），菲律宾政治家，事实上是第二任总统，美国统治时期菲律宾著名政治领袖，任期内利民生、推廉政，深孚众望，第二次世界大战爆发、日本入侵后，辗转至美国建立流亡政府，病逝于华盛顿。

这个秘诀对于所有做好了准备的人一视同仁。学历教育与它无关。远在我出生以前，这个秘诀就找到了它的道路，投入了托马斯·阿尔瓦·爱迪生的怀抱，后者对它的应用堪称智慧，最终他成为全世界最出色的发明家，尽管他在学校里仅仅待了三个月。

这个秘诀被传达给了爱迪生先生的商业搭档。他从年收入一万两千美元开始，认真执行，最终拥有了大笔财富，年纪轻轻便退了休，摆脱了繁忙的工作。你会在本书第一章的开头读到他的故事。它会告诉你，财富并非遥不可及，你依然有机会成为你希望成为的人，财富、名望、赞美与幸福都是能够拥有的，只要你做好准备，下定决心去获取这些天赐之福。

那么，我又是如何知道这些的呢？相信不需要读完全书，你就能找到答案。你或许在第一章就能找到它，也可能要读到最后一页才能发现它。

在履行这项由卡耐基先生指定的二十年研究任务期间，我研究和分析了数百位知名人士。其中许多人都承认，自己正是在卡耐基先生"这个秘诀"的指引下积累巨额财富的。这些人包括：

亨利·福特（福特汽车创始人）

小威廉·瑞格里（箭牌口香糖创始人）

约翰·沃纳梅克（沃纳梅克公司创始人，美国政治家）

詹姆斯·杰罗姆·希尔（美国铁路大亨）

乔治·斯温纳顿·派克（派克玩具公司创始人）

埃尔斯沃斯·米尔顿·斯塔特勒（斯塔特勒酒店创始人）

亨利·莱瑟姆·多尔迪（西铁古石油公司的前身城市服务公司创始人）

赛勒斯·赫尔曼·K. 科蒂斯（《星期六晚邮报》《妇女家庭期刊》创办人）

乔治·伊士曼（柯达胶卷创始人）

西奥多·罗斯福（前美国总统）

约翰·威廉·戴维斯（美国政治家、外交家、律师）

阿尔伯特·哈伯德（美国作家，代表作《致加西亚的信》）

威尔伯·莱特（莱特兄弟之兄，发明家，飞机发明者之一）

威廉·詹宁斯·布莱恩（美国前国务卿）

大卫·斯塔尔·乔丹博士（斯坦福大学首任校长，印第安纳大学第七任校长）

乔纳森·奥杰恩·阿莫尔（美国肉类加工业大亨，将中型家族企业阿莫尔公司发展为全美行业巨头）

查尔斯·迈克尔·施瓦布（美国钢铁大亨）

哈里斯·F. 威廉姆斯（美国海军陆战队军官）

弗兰克·刚索罗斯博士（美国著名传教士、教育家）

丹尼尔·威拉德（执掌巴尔的摩—俄亥俄铁路超过三十年）

金·吉列（吉列安全刀片发明者及公司创始人）

拉尔夫·A. 维克斯

丹尼尔·休·莱特大法官（联邦法官）

约翰·戴维森·洛克菲勒（石油大亨）

托马斯·阿尔瓦·爱迪生（发明家）

弗兰克·亚瑟·范德里普（美国银行家，曾执掌花旗银行前身纽约

城市银行）

弗兰克·温菲尔德·伍尔沃思（美国百货零售业大亨）

罗伯特·A. 多拉尔（美国木材、航运业巨头）

爱德华·阿尔伯特·法林（法林连锁百货创始人，信用合作社的全美倡议推广者）

埃德温·C. 巴恩斯（爱迪生的商业伙伴，见本书第一章）

阿瑟·布里斯班（美国著名报人、房产投资商）

伍德罗·威尔逊（美国前总统）

威廉·霍华德·塔夫脱（美国前总统、首席大法官）

卢瑟·伯班克（植物学家、农业科学先驱）

爱德华·威廉·伯克（普利策奖得主，执掌《妇女家庭期刊》三十年）

弗兰克·安德鲁·曼西（美国著名报人，纽约市有同名纪念公园及建筑）

艾尔伯特·亨利·加里（律师、法官、美国钢铁公司重要创始人之一）

亚历山大·格雷厄姆·贝尔博士（电话发明者）

约翰·亨利·帕特森（NCR公司创始人）

朱利叶斯·罗森瓦尔德（罗森瓦尔德基金创始人）

斯图尔特·奥斯汀·威尔（律师，见本书第五章）

弗兰克·克瑞恩博士（长老会牧师、演讲家、专栏作家）

乔治·M. 亚历山大

杰西·格兰特·查普林（拉塞尔远程教育学院创始人）

詹宁斯·伦道夫（美国政治家，曾连续二十七年出任参议员）

阿瑟·纳什（美国商人、演说家，著有《商业黄金法则》）

克拉伦斯·达罗（美国民权同盟领袖）

这些名字只是数百位美国知名人士中的冰山一角，无论是他们在财务上还是在其他方面的成就都足以证明：那些理解并实践了卡耐基"这个秘诀"的人总是能够攀登到各自人生的巅峰。我还从来没听说过，有哪个得到这个秘诀启发并将其付诸实践的人，到头来却没能在他所选择的行业中获得足以引人注目的成就。我也从不曾知道，有哪一位清楚认识自我并积累下可观财富的人，会对这个秘诀一无所知。基于这两个事实，我敢断言，作为个人自决的核心知识，这个秘诀比任何我们所熟知的所谓"教育"更加重要。

　　说到底，教育究竟是什么？我们对此早就有了各种巨细无遗的答案。

　　至于说到学校教育，这些成功人士中有不少是十分欠缺的。约翰·沃纳梅克曾告诉我，他的求学经历很短，他获取知识的方式和火车加水很像，都是"边走边加"。亨利·福特从来没上过中学，更不必说大学了。我无意贬低学校教育的价值，只是努力表述我诚挚的信念——即便缺乏学校教育，那些掌握并实践了这个秘诀的人依然能够攀上人生高峰，积累财富，拥有与生活周旋的筹码。

　　当你在阅读这本小书时，我们所说的"这个秘诀"必然会在某个地方跳出来，跃然纸上，赤裸裸地呈现在你面前。前提是，你已经为它的到来做好了准备！当它出现，你自然能辨认出来。不管你是在第一页还是最后一页接收到讯息，当它自动跳出来，还请你稍等片刻，倒上一杯酒，因为这一刻将标志着你人生最重要的转折点。

现在，我们要进入第一章，读到我最最亲爱的朋友的故事了。他的商业成就完全值得喝上一杯，而他坦然承认，自己发现了神秘的指示。当你阅读他与其他人的故事时，请记住，他们都同样面对过人生中最重要的问题，他们和所有人需要经历的道路并无不同。

当一个人努力谋生，努力寻找希望、勇气、满足感和内心的平静，努力积累财富，力图享受身心的双重自由时，这个问题便会自然浮现。

此外，当你通读本书时，也请记住，我们讨论的是现实而非虚构，本书的目的是将一条伟大的宇宙真理传递给所有已经做好准备的人，他们有机会学到的，不光是做什么，更是如何做！同样，他们会受到迈出第一步所必需的刺激。

最后，在进入第一章之前，我可否有幸为读者给出一个简单的提示，帮助大家分辨卡耐基"这个秘诀"的蛛丝马迹？那就是：一切的成就、一切的财富累积，最初都只是一个想法！如果你已经做好了接纳这个秘密的准备，那么，漫漫征途就已经走过一半了。因此，当另一半在某个瞬间出现在你脑海中时，你一定能轻松辨认出它。

"想"成为爱迪生搭档的人

的确，"思考即存在"。尤其当它们与明确的目标、坚忍不拔的毅力以及强烈的欲望相结合，并想将以上种种转化为财富或其他实物时，思考就是强有力的存在。

就在三十多年前，埃德温·C.巴恩斯发现了一个实实在在的真相：人类真的可以"思考致富"。他的发现并非凭空得来，而是一点一点展露出来的，这一切始于一个强烈的欲望——他想和伟大的爱迪生成为商业伙伴。

巴恩斯的欲望有一点值得一提——它非常明确。他想要的是与爱迪生合作，而非为他工作。仔细读一读这个故事，看看他是如何将愿望变成现实的，你会对致富的十三个要素有更深的理解。

当这个欲望——或者称之为"思想的冲动"——第一次跃入脑海时，他完全没有任何能够实现它的本钱。他的面前横着两大难题：他不认识爱迪生；他买不起前往新泽西州奥兰治的火车票。

这些困难足以令大多数人望而却步，放弃任何有可能实现欲望的尝试。可他的这个欲望并不普通！他下定了决心，要想方设法得偿所愿。最终，他决定搭"闷罐车"出行（解释一下，这就是说，他要搭货列车去东奥兰治），绝不在这一关就罢手认输。

他来到爱迪生的实验室，毛遂自荐，宣称要与这位发明家合作。数年后，谈起与巴恩斯的首次会面，爱迪生说："他站在我面前，看起来就像个平平无奇的流浪汉，但他的表情告诉我，这个人已经打定了主意，非要达成他的目标不可。这么多年来，我见过很多人，经验教会我，当一个人真心极度渴望某种东西，以至于不惜将未来的人生全部押上作为赌注时，他必然能够获得成功。依照他的要求，我给了他一个机会，因为我看得出，他已经下定决心，随时整装待发，不成功誓不罢休。后来的事情也证明了，我的决定没有错。"

至于年轻的巴恩斯在那次见面中究竟对爱迪生说了什么，与他心中的想法相比完全不重要。这是爱迪生本人说的！这位年轻人的起步，并非始于他出现在了爱迪生的办公室——显然，那对他谈不上有利。真正的起点，是他开始"思考"的那一刻。

如果有读者在这里就已经明白了这个故事的意义，那就不必再继续读这本书了。

第一次会面并没有让巴恩斯与爱迪生成为商业伙伴。他得到的是一个在爱迪生办公室工作的机会，薪水非常微薄，做些对于爱迪生来说无足轻重的工作。可对于巴恩斯来说，这个机会却非常重要，只有这样，他才有可能在未来的"合作者"面前展示自己"做买卖"的本领。

几个月过去了。表面上看，就巴恩斯梦寐以求的目标（也就是他心中认定的那个明确的"大目标"）而言，事情没有任何进展。可在他的脑海中，有些重要的事一直在发生。他在不断强化与爱迪生合作的愿望。

心理学家说得没错："一个人若是真的做好了准备，结果自然水到渠成。"

巴恩斯为与爱迪生的商业合作做好了准备，而且，他下定了决心，不达目标誓不罢休。

他从不曾对自己说："啊呀，有什么用呢？要不我还是再想一想，去找一份推销员的工作算了。"相反，他告诉自己："我来这里，是为了与爱迪生合作，就算穷尽毕生精力，我也要达成这个目标。"他是当真的！如果人们能够树立明确的目标，并为之做好准备，直至沉迷其中，全身心投入，他们的人生会是多么不同啊！

也许年轻的巴恩斯当时并不清楚这一点，但他那斗牛犬一般紧咬不放的决心和那紧守一个愿望的坚韧精神都注定了这个人能够击溃一切不利因素，赢得他苦苦追寻的机会。

机会终于来了。只是无论它登场的模样还是到来的方向，都与巴恩斯设想的不同。那是机会的其中一个小把戏。机会是个淘气的家伙，总爱偷偷从后门溜进来，时而伪装成不幸的样子，时而假扮一时的失利。或许正因为这样，人们才总是认不出它吧。

那时候，爱迪生刚刚完善了一种新的办公仪器，当时人们称之为"爱迪生留声装置"（后来叫"留声机"）。他的销售团队对这机器毫无兴趣。他们认为，除非花大力气，否则这东西不可能卖得出去。巴恩斯看到了自己的机会。它悄无声息地匍匐而至，藏在一台模样古怪的机器里，除了巴恩斯和它的发明者，没人对它感兴趣。

巴恩斯知道，他能把这个东西卖出去。他向爱迪生提出要求，很快争取到机会。机器真的卖出去了。事实上，巴恩斯的销售非常成功，爱迪生因此跟他签下合约，将该产品在全美的分销和市场业务统统交给了他。这种商务合作模式渐渐成就了那句著名的广告语："爱迪生制造，巴恩斯安装。"

迄今为止，这项商务合作已经持续了三十多年。巴恩斯得到了金钱上的富足，同时，更达成了另一项伟大得多的成就——他证明了"思考致富"真的能够实现。

我并不清楚，最初的"欲望"究竟给巴恩斯带来了多少金钱。也许是两三百万美元。然而，无论这个数字是多少，相形之下都无关紧要，因为他收获了更加巨大的财富——他清楚地认识到，只要遵循我们已知的某些实践原则，思考过程中的无形冲动就足以转化为切实可见的收益。

事实就是：通过思考，巴恩斯让自己成为伟大的爱迪生的合伙人！通过思考，他为自己谋得了财富。曾经，站在起点的他一无所有，唯一拥有的只有两样东西：知道自己想要什么的能力和不达目的誓不罢休的决心。

他没有钱开启梦想中的事业。他所受的教育甚少。他没有影响力。可他有主观能动性，有信念，有赢得胜利的意愿。凭借这些不可触摸的力量，他让自己与古往今来最伟大的发明家并肩而立。

现在，让我们看看另一种情形，看看另一个人，他曾手握实实在在的财富，却在最后关头失去了它们。他寻找黄金，却停在了距离它们不过短短三英尺的地方。

距离黄金三英尺

失败最常见的原因之一就是稍遇挫折便放弃的行为习惯。人人都或多或少犯过这样的错。

R.U. 达尔比的一位叔叔在淘金热的时代染上了"黄金热症"，奔赴西部打算"挖掘致富"。他从没听说过这样一句话：埋藏在人类头脑中的黄金远胜于整个地球的黄金开采量总和。他选定一个地点，抡起锄头和铲子就干了起来。工作很艰难，但他对黄金的欲望很执着。

经过几个星期的辛苦劳动之后，回报他的是他发现的闪亮矿石。他需要机器把矿石运到地面。于是，他悄悄遮掩起矿洞口，踩着自己的足迹原路返回他位于马里兰州威廉斯堡的家，把这个"重大发现"告诉了亲戚和少数几个邻居。他们凑钱买了需要的机器，做好运输安排。叔叔和达尔比回去继续采矿。

第一车矿石开采出来了，运到了一家冶金厂。冶炼结果证明，他们挖到的是科罗拉多州最富的金矿之一！再有几车矿石，债务就能还清了。之后迎来的就将是巨大的财富。

钻机下沉！达尔比和叔叔的期望上升！就在这时出事了！金矿矿脉消失了！他们走到了彩虹尽头，金罐不见了！他们继续钻，绝望地试图再次找到矿脉，可是一切都是徒劳。

最后，他们决定放弃。

他们报价区区几百块把机器贱卖给了一名废品商人，坐上火车回了家。有的"废品"商人脑子里只有废品，可这一个不是！他找来一名采矿工程师探查矿脉，做了些计算。工程师认为，此前的开采之所以失败，是因为矿主不知道有"断层带"的存在。他的计算结果表明，主矿就在达尔比停工点以下三英尺处！果然，金矿在那里被找到了！

那位"废品"商人从矿里挖出矿石，赚到了上百万美元，只因为他懂得在放弃前先寻求专业人士的意见。

购买机器的大部分资金是 R.U. 达尔比努力筹措得来的，他只是个很年轻的年轻人。钱都是他的亲戚和朋友凑的，凭靠的是他们对他的信任。他归还了每一分钱，虽说花了许多年的时间。

很久以后，达尔比先生赚回了数倍于当年损失的钱。那时候他已经投身人寿保险销售事业，发现了欲望也能化为黄金的道理。

达尔比始终牢记自己曾经错失一笔巨大财富的教训，只因为他在距离黄金仅仅三英尺的地方止步不前了。那一次经历令达尔比获益良多，都体现在了他后来选择的职业中，方法很简单，他只是不断告诉自己："我曾经停步于距离黄金三英尺的地方，但是，我再也不会半途而废，不会只因为人们在我问他们是否需要买保险时说'不'就停下脚步。"

能做到人寿保险年销售额过百万的人很少，达尔比就是其中之一。他从自己在黄金事业中的"逃离力"中吸取教训，获得了他的"持久力"。

无论是谁，在享受到成功之前都必定遭遇过许多暂时的挫折，甚至可能称得上"失败"。当挫折袭来，最简单也最合常理的做法就是放弃。这也正是绝大多数人的做法。

这个国家最知名、最成功的五百多人都告诉我，他们最大的成功都来自"一步"，只要在挫折到来时再向前迈"一步"。失败是个诡计多端的骗子，格外擅长讽刺挖苦。在距离成功一步之遥处将人绊倒是它最大的快乐。

一堂五十美分的"坚持"课

就这样，达尔比先生在"人生挫折大学"斩获了一个学位，从此下定决心，要将金矿事件的教训化为财富。很快，他就有幸见证了另一桩小事，证实了"不"未必就真的意味着不行。

一天下午，他正跟叔叔一起在一个老式磨坊里磨麦子。他叔叔经营了一家大农场，农场里雇了不少黑人佃农。就在那时，门静悄悄地打开了，一个黑人小孩走进来，站在门边。那是一个佃农的女儿。

叔叔抬头看见那个孩子，粗暴地冲她吼道："你要干什么？"

那孩子温顺地回答："妈妈说你得给她五十美分。"

"我不会给她。"叔叔一口回绝，"你赶紧滚回屋里去。"

"是，先生。"孩子答道。可她没动。

叔叔转头继续干活，他一心忙着工作，没注意到那孩子并没有离开。直到再次抬起头，他才看到女孩仍然站在门边，于是又冲她大吼："我说了，你滚回家去！赶快走，不然我就叫你好看。"

那小女孩嘴上说着"是，先生"，可一步也没挪。

叔叔原本正拎着麻袋朝磨粉机的料斗里倒麦子，这下他扔下麻袋，捡起一块木桶板就朝小女孩走去，脸上的表情写着：你有大麻烦了。

达尔比屏住了呼吸。他觉得自己多半就要见证一桩杀人事件了。他知道他的叔叔脾气非常暴躁。他知道，在这个国家的这片地区，黑人小孩是不可以违抗白人的。

就在叔叔走到小女孩跟前时，女孩突然上前一步，直视他的眼睛，奋力尖叫道："我妈妈一定要拿到那五十美分！"

叔叔停下脚步，盯着她看了一分钟，慢慢把木桶板放到地面上，伸手从口袋里掏出半美元，递给了她。

孩子接过钱，倒着慢慢退到门外，从始至终，眼睛一眨不眨地盯着刚刚被她征服的男人。她离开后，叔叔跌坐在箱子上，盯着窗外看了至少十分钟。他在思索刚刚经历的震撼，心中充满敬畏。

达尔比先生也在思考。他平生第一次见识了一个黑人小孩从容不迫地压制住一个白人成年人。她是怎么做到的？是什么让他的叔叔没了脾气，变得像绵羊一样温顺？那个孩子调动的是怎样的神奇力量，竟让她能够驾驭比她地位更高的人？诸如此类的问题纷纷掠过达尔比的脑海，直到若干年过去，他再一次跟我说起这个故事时，才找到答案。

巧的是，我听到这个非同寻常的故事时正好就在那个老磨坊里，在那位叔叔被镇住的地方。更巧的是，在那之前我已经花费了将近四分之一个世纪研究一种力量，正是它，能让一个不识字的无知黑人小孩战胜阅历丰富的成年男子。

我们站在那个破败的老磨坊里，达尔比先生重新温习了那一场非凡的胜利，最后问我："你怎么看呢？那孩子拥有的是什么神奇力量，竟然可以把我叔叔完全镇住？"

问题的答案就在本书将要阐述的若干要素中。答案完整、充分，有细节，有说明，任何人都能理解，并且都能掌握那个小女孩在不经意间施展出的力量。

留心观察，你就能准确地辨认出是什么神奇的力量救了那孩子，并在下一章窥见这种力量的面目。阅读本书的过程中，你将与某个概念不期而遇，它能够增强你的接受力，让这令人无法抗拒的能力为你所用，为你谋利。这种力量也许在第一章就能被你察觉，也许要等到后续某个章节时才会钻进你的脑海。它或许只是以单一概念的形式出现，或许会带上规划、目标的意味。它可能再一次让你回溯过往失败受挫的经历，挖掘出某些经验教训，让你能凭借它们赢回曾经失去的一切。

我为达尔比先生解说了那个黑人小孩无意间使用的力量，他立刻回想起自己过去三十年的保险销售生涯，并坦白地承认，他在这个领域的成功，很大程度上得益于这个孩子教给他的这一堂课。

达尔比先生指出："每当销售无望的前景试图逼退我时，我都会看到那个孩子，站在老磨坊里，眼睛里闪着反抗的光。于是，我就对自己说，'我一定能拿下这一单'。我最出色的那部分销售成果都是在人们说'不'之后完成的。"

他也并不忌讳回顾自己当年止步于黄金之外三英尺的错误。"可是,"他说,"那次经历其实是另一种形式的天赐之福。它教会我锲而不舍,无论多难都不要半途而废。没有这个教训,我绝不可能取得任何成功。"

这两个有关达尔比、他的叔叔、黑人小孩和金矿的故事势必会被成千上万个以销售人寿保险为生的人读到,对于他们,我希望能够略尽绵薄之力,指引他们找出达尔比在这两次经历中收获的能力,那是每年卖出价值过百万的人寿保险产品的能力。

生活很奇怪,常常是难以估量的。无论成功还是失败,总能在简单的生活经历中找到根源。达尔比先生的经历平凡又简单,其中却藏着他一生命运的答案,因此,就生活本身而言,它们(对他来说)是重要的。他能从这两次戏剧化的经历中获益,是因为他分析了它们,并学到了教训。可如果一个人没有时间或没有心思研究失败,去寻求通往成功的知识,又该如何呢?他该到哪里,又该怎样学会将挫折转变为机遇踏脚石的艺术呢?

本书的写作,正是为了回答以上问题。

答案需要阐述十三个要素才会出现,然而,请记住,在阅读本书的过程中,你所寻找的答案,那些或许会让你琢磨生活有多么奇怪莫测的问题的解答,很可能就出现在你自己的脑海中,那也许是阅读时突然冒出来的某个想法、计划或者决心。

能导向成功的就是好想法。就生成切实可行的设想的方法而言,许多原则都很有用,而本书中谈到的原则则是所有已知原则中最好、最实用的。

在详细探讨这些原则之前，我们相信，你有权得到如下重要的提醒，即：一旦财富开始聚集，便会飞速积累而且数量巨大，你还会好奇，在过去营营汲汲却难有所获的那么多年里，它们究竟都藏在哪里？这种情况令人震惊，但更惊人的是，我们的大众竟普遍相信，财富青睐长期坚持辛苦劳动的人。

当你开始思考并创造财富，你就会察觉到，财富的到来与心态有关，与明确的目标有关，与艰苦劳作无关或关联甚少。你应当做的，也是人人都应当做的，就是将关注点放在如何达到合适的心理状态上，这种状态自然能够吸引财富。我花了二十五年时间调查并分析了两万五千余人，因为我也想知道，富人们究竟是如何富起来的。

没有这些研究调查就不会有这本书。

现在，我们来看一个非常重要的真实事件。

大萧条自1929年开始，持续时间之长可以称得上是毁灭性的。直到罗斯福总统入主白宫，从某一天开始，大萧条渐渐消退，终至烟消云散，就像剧院里的灯光师，一盏一盏点亮电灯，不知不觉间，便将黑暗化为光明。人们脑海中的恐惧也是如此，一点点消退，转化为信心。

仔细观察，你就会发现，你什么时候掌握这一人生哲学的原理，什么时候开始遵从它们的指南行事，你的财务状况就会从什么时候开始提升，你所触及的一切都会转化为你的财富。不可能？当然不是！

人类的一大弱点就在于普罗大众都太习惯"不可能"这个词了。一个平凡人，往往熟知所有"不可"运转法则。他知道一切

"不能"做的事。而本书正是为那些寻找他人"能够"成功的法则，并愿意把所有赌注都押在这些法则上的人所写的。

多年前，我买了一本很好的字典。拿到手后，我做的第一件事就是找到"不可能"这个词，把那一页整整齐齐地剪下来。你也可以试试，这可不是犯傻。

成功眷顾有"成功思维"的人。

失败关照放任自己流入"失败思维"的人。

本书旨在帮助每一个有意寻求解决之道，希望了解将"失败思维"扭转为"成功思维"的艺术的人。

许多人共有的另一大弱点是习惯于以自身固有的印象与信仰衡量所有人、事、物。或许其中也有人会读到这本书，但他们依然坚信，没有人能够通过思考创造财富。他们无法站在富有的角度思考，因为他们的思维模式成形于贫穷、困乏、悲惨、失败和挫折之中。

这些不幸的人让我想起了一个优秀的中国人，他来到美国，接受美国式的教育，就读于芝加哥大学。一天，校长哈珀在校园里遇到这位来自东方的年轻人，停下来和他聊了几分钟后，问起他对美国人的什么特点印象最深刻。

"噢，"这位中国人大声说，"你们的眼睛。你们的眼睛都有点儿歪！"

我们平时是怎么说中国人的长相的呢？

我们拒绝相信自己不了解的东西。我们愚蠢地坚信，我们自身的局限就是衡量世界的合理边界。没错，别人的眼睛"长歪了"，只因为它们和我们自己的长得不一样。

亨利·福特成功之后，数百万人看到了他的成就，嫉妒他的好运气（或者说是幸运与天赋），总之是他们心目中的老福特得以致富的一切缘由。也许十万个人里能有一个看得懂福特成功的秘密，只是这些知情者太低调，太不情愿将它宣之于口，因为那秘密实在是太简单了。一个简单的例子就能将那"秘密"说得清清楚楚。

几年前，福特决定要生产他这款如今早已大名鼎鼎的八缸发动机。他打算造一台发动机，要把八个气缸连成一体，于是要求他的工程师们去设计这样一台机器。设计图纸是画出来了，可工程师们一致认为，要把八个气缸焊接为一体是不可能实现的。

福特说："无论如何都要造出来。"

"可是，"他们回答，"那是不可能的！"

"只管去做。"福特下达了命令，"无论花多少时间，做到成功为止。"

工程师们着手去做了。只要还想留在福特团队里，他们就别无选择。六个月过去了，没有进展。又是六个月过去了，依旧毫无进展。工程师们尝试了一切手段试图完成任务，可是结论似乎不容置疑，"不可能"！

到了年底，福特检查工程师团队的进度，工程师们再一次汇报他们找不到办法来达成福特的要求。

"继续。"福特说，"我想要它，那我就会得到它。"

他们继续尝试，忽然，就像魔法降临，奥妙之门打开了。

福特式的决心再一次赢得了胜利！

这个故事中有些细节或许并不那么准确，但总体上是真实的。由此，希望通过思考致富的你们，或许已经能够发现福特独揽百万财富的秘密了。不必想得太复杂。

亨利·福特是个成功人士，因为他了解并充分运用了成功的种种要素。其中之一就是"欲望"，换言之，就是知道自己想要什么。阅读本书时，请记住福特的这个故事，挑选出那些暗藏着他巨大成就奥秘的句子。如果你能做到，如果你能着手开始实践那些曾经帮助亨利·福特赢得财富的法则，你就能在任何你自己选择的领域里达成同样的成就。

你是"你命运的主宰，你灵魂的统帅"，
因为……

当亨里写下先知般的诗句"我是我命运的主宰，我是我灵魂的统帅"[1]，这个秘密便已借他的笔传达给了我们，那就是：我们是我们自身命运的主宰，是我们自己灵魂的统帅。因为我们有力量掌控我们自己的思想。

他已经告诉了我们，这颗小小地球悬浮其中的宇宙，我们生存、活动的宇宙，是一种能够实现极高速转化的勃勃能量，其中充溢着以太之力，这种力量能够自我调节，与我们大脑的思考同

1　威廉·欧内斯特·亨里（William Ernest Henley，1849—1903），英国维多利亚时期著名诗人、评论家。文中所引诗句出自其代表作《不可征服》（*Invictus*）。

步，能够影响我们，潜移默化，自然而然地将我们的思考转化为等量的物质。

既然这首诗已经为我们揭示了这一了不起的真相，我们就该知道，为什么我们是我们命运的主宰，是我们灵魂的统帅。他无比郑重地告诉我们，这种力量对于破坏性思维和建设性思维一视同仁，它可以将我们的思考转化为实实在在的贫困，也能敦促我们遵循追求财富的思维行事。

他告诉我们的应该还包括，我们的大脑会形成以其主导思维为中心的磁场，以无人知晓的方式，将与主导思维相协调的力量、人与生活环境吸引到我们身边。

他告诉我们的应该还有，在有能力积累起大量财富之前，我们必须首先借助于对财富的强烈欲望来磁化我们的头脑，也就是说，我们必须形成"金钱意识"，直至对金钱的欲望能够驱动我们形成得到它的明确规划。

然而，亨里毕竟是一名诗人，不是哲学家，他只满足于以诗歌的形式陈述了不起的真相，至于解读诗句中的任务，就留给了后来人。

真相一点点露出真容，直到终于化作这本书中阐述的若干要素，揭开了掌控我们经济命运的神奇奥秘。

现在，我们已经准备好要验证第一个要素了。请保持开放的心态，并始终记得，这些要素不是某个人的发明。它们来自超过五百人的真实经历，这些人全都拥有实实在在的巨额财富，全都是白手起家，没受过多少教育，也没什么显赫的身份与家世。这些要素为他们所用，也可以为你所用，为你谋得源源不断的利益。

你会发现，要做到这一点很简单，并不难。

进入下一章之前，我希望你明白，它所传递的信息足以轻易改变你的整个财运，就像它在下文中即将出现的两个人身上施行后为他们带来了巨大变化一样。

我希望你同样明白，鉴于这两个人与我本人的关系，我不能随意披露某些事实，哪怕我很希望能够这样做。其中一个是我二十五年的亲密好友，另一个是我儿子。这两人都取得了非凡的成功，而他们都慷慨地把成绩归功于我们即将在下一章探讨的要素——再没有什么能比这种现身说法更能证明这一要素的无边之力了。

大概十五年前，我在西弗吉尼亚州塞勒姆市塞勒姆大学的毕业典礼上发表了一场演讲。我着重强调了下一章将要探讨的要素，当时的一名毕业生显然听进去了这一番话，将它融入自己的人生哲学中。这位年轻人现在是一名国会议员，也是政府团队中的重要人物。就在本书出版之前，他给我写了一封信，在信中明确阐述了自己对于我们将在下一章探讨的要素的看法，因此，我决定将这封信收录在本章内，以资参考。它能帮助你了解可能收获的回报。

亲爱的拿破仑·希尔：

我提笔写下这封信，是因为国会议员的工作使我得以深入了解男性与女性所面临的种种问题，我希望能给出一个建议，或许，它能对成千上万可敬的人们有所帮助。

首先，我必须满怀歉意地声明，如果去践行它，这个建议可能需要你承担起若干年的辛劳与责任，可我依然鼓起勇气提出来，只为我知道你伟大的爱心，知道你乐于提供有益的服务。

　　1922年，你在塞勒姆大学的毕业典礼上发表了一场演讲，当时我还是毕业生中的一员。在那场演讲中，你在我的脑海中种下了一粒思考的种子，我现在能够有幸服务于我们的人民正是因为它，如果说将来我还能取得什么成就，无疑在很大程度上也是因为它。

　　我所设想的建议是，你是否可以写一本书，阐述你当年那场塞勒姆大学演讲的要义，以此帮助美国人民，让他们有机会了解你这么多年来的研究成果，窥见那些使美国得以成为全球最富裕国家的伟大人物的经历，并从中受益。

　　一切就好像发生在昨天，我还清楚地记得你以亨利·福特为例所做的精彩阐释，那样一个几乎没受过什么教育、一穷二白，也没有任何强大人脉的无名小子，最后达到了非凡的高度。你的演讲还没结束，我就下定决心要有所作为，无论前方有多少困难需要克服。

　　今年，乃至往后几年，数以千计的年轻人又将结束校园生涯。他们每个人都将开始寻找实用而又鼓舞人心的东西，就像我从你这里得到的一样。他们会希望知道该如何开启自己的人生，该往哪儿走、做什么。你可以给他们答案，因为你已经帮助了那么多的人解决了问题。

　　如果有任何一点可能，你愿意出手帮助，那么我能否建议你，在每本书中都加入一张你的那套个人分析图表，这样，读者或许就能得到完整的个人量表的指引，明确知道在通往成功的道路上都有些什么，一如你在多年前指引我那样。

这能够为你的读者展现有关他们个人优缺点的客观全景图，能告诉他们成功与失败的差别在哪里。这样的帮助将是无价的。

如今，数百万人面临着需要从大萧条中重新爬起来的难题，根据我个人的经验，我知道，这些如饥似渴的人们会很愿意有机会跟你谈谈他们的问题，接受你的建议。

你很清楚这些渴望重头再来的人必将面对的问题。在今天的美国，无数人都想知道如何才能将他们的想法变现，人们不得不两手空空，带着满身伤痕起步，去赢回他们曾经失去的东西。如果说有谁能帮助他们，那必定是你。

如果你的这本书出版了，我很希望能够拥有第一本印好的成品，上面有你的亲笔签名。

致以最诚挚的祝福，相信我。

詹宁斯·伦道夫

谨上

2 | 欲望
DESIRE

一切成就的起点
通往财富宝藏的第一级台阶

三十多年前，当埃德温·C.巴恩斯在新泽西州奥兰治爬下那辆货运列车时，他的模样也许跟流浪汉没什么两样，可他的思维却是王者级别的！

当他离开铁轨前往爱迪生的办公室时，他的思维在驰骋。他看到自己站在爱迪生面前。他听见自己向爱迪生先生要求一个机会，来实现他人生最执着的追求和熊熊燃烧的欲望，他想成为这位伟大发明家的商业伙伴。

巴恩斯的欲望不是希望！不是期待！那是一种强烈的、洋溢的欲望，它超越了一切。它是确定无疑的。

这欲望不是他即将见到爱迪生时才突然冒出来的。长期以来，它就是巴恩斯最强烈的渴求。一开始，当它第一次出现在巴恩斯的脑海中时，或许还只是一个心愿，可到了巴恩斯带着它站在爱迪生面前时，那就不再只是小小的心愿了。

几年后，埃德温·C.巴恩斯再一次站在了爱迪生面前，就在他第一次见到这位发明家的那间办公室里。这一次，他的欲望已经变成了现实。他与爱迪生携手工作。他最大的人生梦想已经变成了现实。今天，人们妒忌巴恩斯，以为只是"机遇"眷顾了他。他们看到了他当下的荣光，却懒得花费力气去探究他成功的原因。

巴恩斯之所以成功，是因为他选定了一个明确的目标，投入了他所有的能量、所有的意志力、所有的努力，一切都是为了这一个目标。他不是生来就是爱迪生的伙伴的。

他乐意从最卑微的工作干起，只要这工作能让他有机会迈出第一步，从此朝着心目中珍藏的最终目标进发。

他苦苦寻求了五年，机会才现身。那些年间，他看不到一线希望，也没有任何人承诺会将实现他欲望的机会拱手奉上。从他投入工作的第一天起，人人都只将他看作爱迪生业务链中的又一颗小螺钉——除了他自己，在巴恩斯心目中，他是爱迪生的合作伙伴，无时无刻，片刻不可分离。

这是对于明确欲望的能量的绝佳描述。巴恩斯达到了目标，就因为他只想成为爱迪生的合作伙伴，无论他还想过要什么，都比不上这一个欲望。他制订计划，凭借计划达成所愿。其间，他斩断了所有退路。

他与欲望协力，直到它成为生命中最重要的执念，进而最终成为现实。

去奥兰治的路上，他没有告诉自己："我要努力说服爱迪生给我一份好工作。"他说的是："我要去见爱迪生，让他知道，我要与他合作。"

他没有说："我会在那儿干上几个月，看看有没有回报，如果没有，那我就离开，找份别的工作。"他说的是："我会从那里起步。我会完成爱迪生交代的任何工作，然而，最终我会成为他的合作伙伴。"

他没有说："我要睁大眼睛留心别的工作机会，以防万一在爱迪生这里得不到我想要的。"他说的是："这世上只有一件事是我决心要做到的，那就是成为爱迪生的合作伙伴。我要断绝一切退路，押上我的整个未来，赌我有能力得到我想要的。"

他破釜沉舟，背水一战。若不成功，便唯有灭亡！

这就是巴恩斯的成功故事！很久以前，有一位伟大的将军面临困境，他必须做出决定，确保战斗的胜利。他的士兵要面对的是强大的敌人，人多势盛，兵强马壮。他命令将士渡河，拿起武器，背水列阵，然后下令烧掉了己方的兵船。战斗打响前，他发表动员演说，告诉士兵："你们看到了，船已经烧毁。就是说，除非获胜，否则我们绝无可能活着离开这片河岸！我们别无选择，要么胜——要么死！"最后，他们胜了。

每一个在逆境中求胜的人都必须烧掉他们的战船，切断他们的一切退路。唯有如此，一个人才能确保自己始终保有熊熊燃烧的求胜欲，而这一点，正是赢得胜利的关键。

芝加哥大火[1]结束后的那个早晨，一群商人站在国家大道上，

1　芝加哥大火发生于1871年10月8日，火势持续至10月10日早晨，九平方公里范围内的芝加哥城被夷为平地，三百人丧生。火灾起于德克文街的一处粮仓，传说是奶牛踢翻放在草堆上的油灯导致起火。

看着余烟袅袅的废墟，那里曾经是他们的店铺。他们召开了一场会议，讨论是应当尝试重建，还是离开芝加哥，另寻一个更安全的地方从头开始。最后的结果是除了其中一位，其他人全都选择离开芝加哥。

这位决定留下重建的商人伸出一根手指，指着他的店铺废墟，说："先生们，就在这个位置，我要建一个全世界最大的商店，无论它会被烧毁多少次。"

那是差不多五十年前的事了。那家商店已经建成。今天，它就矗立在那里，像一座高耸的丰碑，诉说着我们称之为"熊熊燃烧的欲望"的心理状态能够爆发出多大的力量。马歇尔·菲尔德[1]做的事情很简单，其他商人也都能做到。只是当困难降临，前途看来黯淡无光时，他们选择了抽身退出，转向了其他看似更容易的去路。

好好记住马歇尔·菲尔德和其他商人的区别，因为这同样就是埃德温·C.巴恩斯和爱迪生公司里数以千计的其他年轻人的区别，也是所有真正的成功者与失败者之间的区别。

任何人到了能够理解金钱意义的年纪，都会希望拥有它。"希望"不能带来财富。但"欲望"不同，若是建设好执着的心境，计划好明确的方法，拿出用以执行计划的永不言败的坚持，"对财富的欲望"就能够带来财富。

1　马歇尔·菲尔德（Marshal Field，1834—1906），美国马歇尔·菲尔德百货公司创始人，文中提到的商店就是它。2005年，英国梅西百货收购了马歇尔·菲尔德百货，该店现为梅西百货的全球四大旗舰店之一。

对财富的欲望能够转化为同等价值的现实财富，这一理论中包含了六个切实可行的有效步骤，它们是：

1. 在大脑中确定你期望的确切金钱数额。仅仅说"我想有很多很多钱"是不够的。必须明确数字（关于"确定性"是有心理学依据的，我们将在后续章节里谈到）。

2. 明确你愿意付出多少代价来换取你想要的金钱（世上没有白吃的午餐）。

3. 确定一个赚取财富的明确期限。

4. 制订一套实现愿望的明确计划，并立刻将计划付诸实践，无论你觉得自己有没有准备好。

5. 列一张表，简明扼要地列出你想赚得的金钱数额、赚取的时限、你愿意付出的代价，清晰写明你的赚钱计划。

6. 大声朗读上述列表，每天两次，一次在晚上睡觉前，一次在早上起床后。朗读时，想象你已经得到了这笔钱，看着那个有钱的你，感受它，坚信不疑。

遵循以上六个步骤是非常重要的。其中尤为重要的是第六步，你必须细心体察，依照指引行事。你或许会抱怨说，在还没有赚到钱之前就要"看到"有钱的自己是不可能的。这个时候，"熊熊燃烧的欲望"就能帮得上忙了。如果你对金钱的欲望真的强烈到化作了执念，你就能够轻松说服自己，你能赚到那些钱。这样做的目的是为了金钱，为了让你充满无比的信心，相信自己必将得偿所愿。

唯有形成了"金钱意识"的人才能积累巨大的财富。所谓"金钱意识",就是大脑被针对金钱的欲望彻底浸透,就是人能看到自己已经拥有了财富的样子。

对于尚未经过人心磨砺的懵懂无知的人而言,这些指南或许显得不切实际。对于没能找到六步骤好处的人来说,了解一下卡耐基的故事或许能帮助大家有所收获,卡耐基最初只是轧钢厂的一名普通工人,可他努力摆脱了最初的命运,运用这些要素赚到了价值超过百万美元的财富。

若能知道已故的爱迪生也曾认真审核过我们在这里推荐的六步骤,或许能对你更有帮助。他不但认可了它,更认为这些步骤并不仅限于在赚钱时有用,更是达成任何目标都不可或缺的。

这些步骤里不要求"辛苦劳动"。它们不要求牺牲,也不需要人们变得荒唐可笑或是盲目轻信。实践它们不需要接受过大量教育。然而,成功实践这六步骤,的确需要充足的想象力来让人们看到并了解到,财富的积累不能留待机会、好运或巧合。人们必须认识到,所有拥有了巨大财富的人,在得到金钱之前,都经过了梦想、希望、期盼、欲望和规划等一系列过程。

读到这里,你或许已经明白,除非能够燃起对金钱的炽热欲望,并且真心相信你能够拥有它们,否则永远也不可能收获巨大的财富。

你或许还知道,自文明之初到现在,每一位伟大的领路人都是梦想家。当今世界,基督教蕴含着最大的力量,因为它的创始人是个非常强大的梦想家,他拥有足够的视野与想象力,不必等到梦想从精神或心灵形态转化为物质形态,就能早早真切地看到它们的模样。

如果你无法在脑海中看到巨大的财富，那么也同样永远不会在银行账户里看到它们。

对于具备行动力的梦想家而言，美国历史上从未出现过如眼下一样的巨大机会。实际上，六年的经济崩溃将所有人拉回到了同一起跑线上。一场新的赛跑即将打响。不妨打个赌，未来十年内，将有巨大的财富被创造、积累。比赛规则已经改变，因为我们如今生活在已经改变的世界里，毫无疑问，对于那些经历过一切都陷入停滞的大萧条时期，并在当时少有甚至毫无机会的大众而言，这是有利的条件。

我们站在了这场"奔富竞赛"的起跑线上，就应当满怀信心地相信，如今我们生活其间的这个世界早已改变，它需要新的想法、新的行事之道、新的领路人、新的发明创造、新的教育方式、新的市场规则、新的图书、新的文学、新的广播节目、新的影视创意。要实现所有这些更新更好的东西，有一种品质是制胜所必需的，那就是确定无疑的目标、对于个人企图的了解，以及拥有它的强烈欲望。

商业萧条意味着一个时代的结束，也意味着另一个时代的开启。这个改变后的世界需要具备行动力的梦想家，他们有能力也有意愿行动起来，去实践他们的梦想。无论过去还是未来，这样有执行力的梦想家永远都是文明的创造者。

我们这些渴望积累财富的人都应当牢记，这个世界真正的领路人永远都是懂得掌控那些无形的、不可见的力量，并将它们投入实践，从而创造机会的人，他们能够将这些力量（或思想的冲动）变成摩天大楼、城市、工厂、飞机、汽车乃至任何一种能让生活更加美好舒适的便利形态。

宽容、开放的心态是今天的梦想家所必不可少的。害怕新想法的人还没起步就注定要失败。过去从未有任何一个时代像今天这样眷顾开拓者。没错，如今不是大篷车那个时代，没有蛮荒的西部可供征服，但我们有巨大的商业、金融和工业世界需要重塑，需要建立更优秀的新规则。

制订你自己那份获取财富的计划时，不要让任何人影响你，不要附和他们去鄙视梦想家。要在这个改变后的世界里赢得大奖，你必须紧握过往伟大先驱们的精神，他们的梦想已经将其中的价值完全赋予了我们的文明，这种精神已经融在了我们祖国的骨血里——开发我们的天赋，运用它们换取利益，那是你的机会，也是我的。

我们不能忘记，哥伦布曾梦想有一个未知的世界，他将生命全部押在了这样一个世界的存在上，最终他真的发现了它！

伟大的天文学家哥白尼曾梦想有无数个世界，他最终发现了它们！在他成功之后，没人指责他"不切实际"。相反，全世界都把他供上了神坛，这再次证明了"成功无须道歉，失败没有借口"。

如果你想做的事情是正确的，如果你相信它，那就只管去做！去实践你的梦想，即便遭遇一时的挫折，也绝不要在意"他们"会说些什么，因为这些"他们"很可能不懂"失败乃成功之母"的道理。

亨利·福特，一个没读过多少书的穷小子，梦想有一种不必靠马来拉的车，他运用手头所有的工具去行动，并不等待机会眷顾，到如今，他梦想的成果遍布全球。他比世上任何一个人投入的精力都多，因为他不害怕与梦想同一阵线。

爱迪生梦想用电点亮的灯，他想到便开始做，尝试将梦想付诸行动，无视上万次的失败，他与梦想并肩而立，直至最后将它化为现实。梦想行动家永不言退！

维纶梦想有一家雪茄连锁商店，他将梦想付诸行动，如今，联合雪茄店遍布美国最好的每一个地段。

林肯梦想黑奴的自由，他将梦想付诸行动，只差一点就能活着亲眼见证一个南北统一的美国，他的梦想变成了现实。

怀特兄弟梦想一台能够飞上天空的机器。到今天，全世界都看到了他们梦想成真的证据。

马可尼梦想一套可以驾驭以太无形之力的系统。事实证明他的梦想不是臆想，全世界每一台无线装备、每一台收音机里都能找到他成功的证据。另外，马可尼的梦想让最破败的小屋与最堂皇的广厦在某些方面拥有了平等的地位。它让不同国家的人成为天涯咫尺的近邻。它为美国总统提供了能够同时且即时对全美人民说话的媒介。你或许会愿意知道，马可尼的"朋友们"曾经把他抓起来，送进精神病院接受检查，因为他宣布发现了远距离隔空传输信号的原理，不必借助电线或其他任何物理介质。今天，梦想家们的境遇可比那好多了。

这个世界已渐渐习惯了不断有新发现。不，应当说，它已经开始乐于奖赏为这个世界带来新点子的梦想家们了。

"最伟大的成就最初都只是梦想。"

"橡树沉眠于橡子中。飞鸟等候在鸟蛋里，在灵魂世界的最高处，有天使不眠轻舞。梦想就是现实的种子。"[1]

世界的梦想家们，觉醒吧，站出来吧，秀出你们自己。如今是你们这些明星闪耀的时刻了。全球大萧条带来了你们一直等待的机会。它教会人们谦逊、宽容、敞开心怀。

现在这个世界充满了无穷的机会，这是过去的梦想家们从未见过的景象。

一种燃烧的欲望，等待着被实践、被实现，这就是梦想家起步的地方，没有第二个起点。冷漠、怠惰与安于庸碌是孕育不出梦想的。

这个世界不再嘲笑梦想家，也不再说他们不切实际。如果不信，去田纳西走一走，去看看一位有梦想的总统是如何驾驭、利用美国强大的水利资源的吧[2]。

你或许曾经失望，或许曾在大萧条时期历经挫折，或许曾经感受过你强大的心脏如何破碎、流血。鼓起勇气吧，因为这些经历都是对你心灵的磨砺，它们给了你坚韧的灵魂，那是无价的财富。

也请记住，所有成功者在"抵达成功彼岸"前都有个糟糕的开端，都曾经历许多心碎神伤的挣扎。这些成功者生命的转折

1　两段引文原本是相连的一段，出自英国作家詹姆斯·艾伦（James Allen，1864—1912）的代表作《做你想做的人》（*As a Man Thinketh*，1903年）。
2　此处所指为罗斯福新政时期的田纳西流域水利工程，这是当时美国政府"以工代赈"计划中最宏大的工程。该项计划为政府救济方案的一部分，意在缓解失业问题的同时建设公共设施。

点，往往都紧随某个危机而来，扛过危机，他们便迎来"全新的自我"。

约翰·班扬[1]写下《天路历程》，那是英国文学中最好的作品之一，而他写作之时，正是在他因宗教观点而入狱、经受了严厉的惩罚之后。

欧·亨利曾经遭遇巨大的不幸，被投入了俄亥俄州哥伦布的监狱，也正是在那之后，他才发现了沉睡在自己大脑中的天赋。因为不幸，他被迫去认识"另一个自我"，去运用他的想象力，他找到了身为伟大作家的自己，不再是可悲的罪犯、无家可归的流浪者。生活的路是奇特而多样的，更奇特的是"无限智慧"设下的道路，在这些道路上，人们有时不得不经受各种严苛的对待，直到认识自己的大脑，发现自己的能力，学会运用想象力构建出有用的想法。

爱迪生是世界上最伟大的发明家和科学家，可也曾经只是个落魄的报务员，在被驱赶前行的道路上，他经历过数不清的失败，最终，他找到了藏在自己脑中的天赋。

查尔斯·狄更斯起步于为鞋油罐子贴标签。第一场爱情的悲剧深入他的灵魂，将他变成真正的世界级大作家。那场悲剧首先创造出《大卫·科波菲尔》，然后是一系列的其他作品，为所有读者呈现了一个更丰富、更美好的世界。对爱情的失望常常令男人买醉，女人堕落。然而，这只是因为大多数人从来没能学会转

1　约翰·班扬（John Bunyan，1628—1688），英国作家、传教士，传世最广的作品即发表于1678年的宗教寓言《天路历程》（The Pilgrim's Progress）。

化的艺术，没学会将他们最强烈的情感投入最富有建设性的梦想之中。

海伦·凯勒出生不久便陷入了聋、哑、瞎的境地。可哪怕遭遇了这样极端的不幸，她依旧将自己的名字写在了历史的书页上。她的整个人生都在告诉我们，只要不承认失败，人就永远不会失败。

罗伯特·彭斯[1]原本是个大字不识一个的乡下小子，贫困缠身，长大后还成了个酒鬼，可世界却因有他而更加美好。只因他将美丽的思想注入诗句，拔除荆棘，种下玫瑰。

布克尔·塔尼亚法罗·华盛顿[2]是奴隶出身，天生在种族和肤色上就处于劣势。可是他懂得宽容，有一颗对万事万物都始终保持开放的心，同时也是一位"梦想家"，因此造福了一整个种族，在历史上留下了不可磨灭的影响。

贝多芬耳聋，弥尔顿眼盲，可他们的名字都将与时间共存不朽，因为他们有梦想，而且将它们的梦想转化为有序的思想。

在进入下一章之前，重新点燃你心目中希望、信念、勇气与宽容的火苗吧。如果你拥有了这些心态，再了解了本书所述的要

1　罗伯特·彭斯（Robert Burns，1759—1796），苏格兰诗人，有"国民吟游诗人""埃尔郡吟游诗人"等诸多称谓，公认的苏格兰民族诗人，被视为十八世纪浪漫主义运动的先驱，歌曲《友谊地久天长》（Auld Lang Syne）即为其作品。

2　布克尔·塔尼亚法罗·华盛顿（Booker T. Washington，约1856—1915），美国教育家、文学家、作家、总统顾问，自1890年起为非裔美国人群体的绝对领袖人物。

素的实行方法，一切就已准备就绪，你所要的自然源源而来。正如爱默生所说："凡你为帮助与抚慰送出的每一句箴言、每一本书、每一条谚语，必将回馈于你，无论经由坦途还是曲折小径。凡你伟大、温柔的灵魂所渴望的，而非异想天开的心愿所希求的朋友，必将紧紧拥抱你。"

"想要"某样东西与"准备好"接纳某样东西是不同的。无论什么，若不是相信自己可以得到，则没有人能"准备好"接纳它。其心态必须是"相信"，而不仅仅是希望或期待。开放的心态是"相信"的关键。封闭的心灵无法激发信念、勇气与"相信"。

记住，追求更好的生活，要求富足与成功，所需要的努力并不比接受贫困不幸来得更多。一位伟大的诗人[1]曾以诗句准确地描述过这一宇宙真理：

> 我向生活索取一块铜板，
> 生活便不再给予更多，
> 任我在黑夜里苦求，
> 盘点可怜的所有。
>
> 因为生活就是雇主，
> 你开价，它支付，
> 一旦薪酬谈妥，

1　即美国女诗人、文学评论家杰茜·贝尔·里滕豪斯（Jessie Belle Rittenhouse，1869—1948），文中所引即其诗作《我的报酬》（*My Wage*）。

呵，你就要背负起职责。

我为微薄的薪资奔忙，
却惊讶地听说，
无论开价几何，
生活原本都乐意给我。

人定胜天

作为本章的重头戏，我想谈一位我个人所知的最不寻常的人。第一次见到他，是在二十四年前，当时他才刚刚出生不过几分钟。来到这个世界时，他就没有耳朵。医生顶不住追问，坦承这孩子很有可能天生就又聋又哑。

我对医生的判断提出了质疑。我有这个权利，因为我就是孩子的父亲。不但如此，我还下定了一个决心，有了一个想法，只是没有说出来，而是把这想法悄悄藏在了自己心里。我认定了，我的儿子一定能听，也能说话。老天可以给我送来一个没有耳朵的孩子，可它不能让我接受这个痛苦的事实。

在我心里，我知道我的孩子将来能听能说。怎么听，怎么说？我相信一定有办法，我知道我会把它找出来。我想起了不朽的爱默生说过的话："世间一切都在教导我们'信念'二字。我们要做的只是遵循教导。有一个指南适用于我们每个人，那就是，虚心倾听，对的字眼必将出现。"

对的字眼？欲望！我的欲望在于我的儿子不是聋哑人。这欲望超越了一切。从那一刻起，我的欲望再也不曾消退，一秒也没有。

许多年前，我曾写道："我们唯一的局限就是在大脑中给自己的设限。"我平生第一次想知道，这句话究竟是不是对的。我面前的床上躺着一个刚刚出生的孩子，生来就没有听觉器官。尽管他依然有可能会说能听，但终其一生，明显的身体缺陷都将伴随着他。当然，这样的想法眼下并不存在于这孩子自己的心中。

对此，我能做些什么？我总能找到办法，将我自己心中的炽烈欲望植入孩子脑中，以某种方式，不借助耳朵，将声音送进他的脑海。

一旦这孩子长到懂得配合的年纪，我就要让他的心中充满对"听"的强烈欲望，接下来，老天自然会以它自己的方式将这欲望转化为现实。

这一切思索过程都发生在我的脑内，我没对任何人提起。每一天，我都向自己承诺一次，我绝不接受我的儿子会是聋哑人。

当他长大一些，开始关注身边的事情时，我们发现他是有一点听力的。到了一般孩子学说话的年纪，他没有任何想开口的迹象，可从他的行为来看，我们敢说，他能略微听到一些声音。这就够了！我坚信，只要他能听，哪怕只能听到很少的声音，这份听力就能发展，就能提高。这时候发生了一件事，给了我希望。那完全是意外的收获。

我们买了一台手摇留声机。第一次听到音乐响起，这孩子一下子就被迷住了，立刻把那机器据为已有。很快，他就表现出了对某些唱片的偏爱，其中就包括《遥遥长路到蒂伯雷里》[1]。有一次，他一遍又一遍地播放这张唱片，听了差不多两个小时，就站在留声机跟前，牙齿扣在机身边缘。一直过了许多年，我们都不明白他这个自然而然形成的习惯意味着什么，因为那时候的我们还从来没听说过"骨传导"原理。

就在他霸占留声机后不久，我发现，只要嘴唇贴着他耳朵的乳突骨或头骨下缘说话，他就能听得很清楚。这些发现为我提供了重要的手段，让我可以开始着手将我的"炽烈欲望"转化为现实，帮助我的孩子发展听力和说话的能力。这时候，他已经开始尝试说某些词。前景远远谈不上乐观，可信念支撑下的欲望从不知道"不可能"为何物。

断定他能清楚听到我的声音后，我立刻开始向他灌输对于听和说的欲望。很快，我发现这孩子喜欢听睡前故事，于是我着手编了一些故事，旨在培养他自立自助的意识、想象力，以及想要听、想要和正常人一样的强烈欲望。

其中有一个故事最特别，我有意识地在每一次讲述中都加上些新的戏剧化色彩。这个故事是为了在他脑海中树立起这样一个观念：他的病痛不是麻烦负累，而是巨大的财富。尽管我所知的所有哲学观点都清楚地指明了"祸兮福所倚"的道理，可必须承

1　《遥遥长路到蒂伯雷里》（*It's a Long Way to Tipperary*）是第一次世界大战时期风行军中的歌曲，创作于1912年，本是一首英国音乐厅歌曲。蒂伯雷里为爱尔兰地名。西南联大时期，为迎接步行西进至昆明的师生，赵元任与丁树声两位先生合作仿撰了《遥遥长路到联合大学》。

认，我完全不知道该如何将这种病痛变成财富。但我还是继续我的实践，将这种人生观放进睡前故事里，期望着有一天，他能找到某种方法，将他的缺陷用在有益的事情上。

理智清楚地告诉我，耳朵和听力器官的缺损是无可弥补的。可信念支撑下的欲望将理智赶到一旁，鼓励我坚持下去。

如今回头看来，我发现我们之所以最终能收获惊人的成果，儿子对我的信赖至关重要。无论我说什么，他从不怀疑。我告诉他，跟哥哥比起来，他有一个很明显的优势，这个优势会在方方面面体现出来。比如说，学校里的老师会注意到他没有耳朵，因此，他们会特别关注他，对他格外和善。老师们的确如此。他的妈妈确保了这一点，她会去拜访老师们，跟他们商量，给予他必要的额外关注。我还塞给他一个设想，那就是，等到他长大了，能去卖报纸了（他的哥哥已经成了一个小报贩），他会比他的哥哥更有优势，人们会花更多的钱买他的东西，因为他虽然没有耳朵，可人们会看到他是个多么聪明、多么勤劳的男孩。

我们能够察觉，这孩子的听力在一点点提升。更棒的是，他从不曾因为自己的缺陷而产生过哪怕一丝一毫的自怜自艾。就在他快满七周岁时，我们对于他心灵的着力培养第一次展示出了结果。当时他已经央求了好几个月，想要得到出门卖报纸的特许，可他妈妈不同意。她担心他的听力问题会让他在独自上街时遇到危险。

最后，他自己动手解决了问题。一天下午，家里只有他和用人，他从厨房窗户翻出去，爬到地上，一个人出发了。首先，他向隔壁的鞋匠借了六美分作为启动资金，买来报纸，卖掉，再去买报纸，就这样一直重复到当天傍晚。他算好账，还掉从他的"银行家"手里借来的六美分，最后净赚了四十二美分。当我们在夜里回到家中时，他已经躺在床上睡着了，手里紧紧握着那笔钱。

他妈妈掰开他的手心，拿出硬币，哭了。那是百感交集的哭！为她儿子看来如此不易的第一场胜利而哭。我的反应恰恰相反。我发自内心地大笑出声，因为我知道，我的努力奏效了，我成功在这孩子心中植下了信念的树苗。

从他的首次商业探险中，他妈妈看到的是一个耳聋的小小男孩，走上街头，冒着生命危险去赚钱。可我看到的是一个勇敢、有雄心壮志、懂得自力更生的小商人，对自己充满了百分之百的信心，因为他已经主动开始尝试工作，而且获得了成功。这件事让我很高兴，我知道，他已经证明了自己是个足智多谋的孩子，而这份足智多谋将终身陪伴他。后来的事情证明了这都是真的。他哥哥如果想要什么东西，会躺在地板上，两腿在空中乱蹬，哭喊着要那东西，然后得到它。而这"小聋孩儿"想要什么的话，就会制订一个赚钱的计划，然后自己去买。他竟懂得照计划行事！

真的，是儿子教会了我，缺陷也能变成一个人追求有益目标路途中的踏脚石，除非他自己将它们视作障碍，拿它们当作借口。

这个小聋孩儿一路升学，上了高中，进了大学，尽管他从来都听不见老师们说的话，除非他们靠近了大喊。他没上过聋哑学校。

我们不允许他学手语。我们认定了，他应该拥有正常的人生，和正常的孩子们在一起，我们坚守这个决心，哪怕它耗费了我们许多精力——用在与学校官员辩论上。

高中时，他尝试过一个电子助听器，但完全不起作用。我们相信这是有理由的。这孩子六岁时，芝加哥的 J. 戈登·威尔逊医生曾为他动过一个小手术，检查了他头部的一侧，却没能找到相应的听觉器官。

就在那次手术过后的第十八年，他大学生涯的最后一个星期里发生了一件事，成为他人生的重要转折点。似乎是巧合之下，他得到了另一套电子听力设备，是送来请他试用的。因为有过一次失望的经历，他没有立刻尝试。但最终，他还是拿起了那套装备，多少有些漫不经心地装上电池，哇！就像魔法降临，他的欲望成真了！那是从他懂事以来就有的拥有正常听力的欲望。他第一次能够像任何拥有正常听力的人一样去听了。"上帝行事奥妙神秘，他总能创造奇迹。"

助听器为他打开了全新的世界，他欣喜若狂，冲向电话，拨给他的妈妈，完美地听到了她的声音。第二天，他第一次听到了教授的讲课，清清楚楚！在此之前，只有靠近了大声喊时，他才能听到他们的声音。他听到了收音机的声音。他听到了电影的声音。人生第一次，他能够自如地与别人交谈，不需要对方扯着嗓子大喊。是的，他走进了一个全新的世界。我们拒绝接受老天的错待，凭借着执着的欲望，我们说服老天，借助一个可行的手段，修正了它的错误。

欲望开始收取红利，但成功尚未达成。这个男孩还得寻找到他踏踏实实的可行之路，来将缺陷转化为等价的财富。

男孩几乎没有意识到这一成果究竟有怎样的意义，只是一心沉醉在发现全新声音世界的喜悦中，兴奋之下，他给助听器的生产商写了封信，激情洋溢地讲述了他的经历。他的信里有某种东西，也许没有明白地写出来，却暗藏在字里行间，厂商被打动了，邀请他前往纽约。抵达后，他在厂商的陪同下参观了整个工厂，和总工程师交流了一番，谈起他的新世界，就在这时，一个预感、一个想法或者一个灵感——随便你怎么说吧——闪过他的脑海。正是这突然闪现的念头将他的缺陷切切实实地转化成了财富，注定了在未来的岁月里，将有千万人因此收获金钱与快乐。

简单说来，这个突然闪现的念头是这样的：它提醒男孩，如果能找到一种方法讲述自己这个新世界的故事，他就可以为千百万聋哑人提供帮助，要知道，若是没有助听器的帮助，他们多半就得在无声的世界里度过一生。就在那一刻，他下定决心，要终身致力于为重听人士提供帮助。

他花了整整一个月时间密集调研，一边分析助听器行业的市场体系，一边想方设法与世界各地的重听人士交流，与他们分享他刚刚发现的"新世界"。完成这一步后，他根据调查结果，制订了一个两年计划，交给了那家助听器公司。公司当即为他提供了一个职位，好让他能够实现他的雄心壮志。

投入工作时，他做梦也没有想到，自己注定要为成千上万的重听人士带去希望和实实在在的信仰，对于他们而言，若没有他的帮助，就只能永远生活在聋哑的世界里。

与他的助听器厂商达成合作后不久，他邀请我出席一个课程，是他的公司开办的，目的在于教聋哑人听和说。我从未听说过这样的教育机构，我去了，却满怀狐疑，只希望我的时间不会被彻底浪费掉。然而，我在那里却大开眼界，事实告诉我，过去我在儿子心中埋下并小心维护的"能正常地听"的欲望，究竟能成长到如何壮大的地步。我看见聋哑人真的在被教导如何去听、去说，而他们所运用的，正是我这二十多年来为了拯救儿子免于沦为聋哑人而采用的原理。

就这样，命运之轮悄悄转了个弯，我的儿子布莱尔和我注定要为那些尚未出生的聋哑儿提供帮助。因为，就我所知，当今世上唯有我们真正证明了，因病痛导致的聋哑是能够得到矫正的，患者是能够回归正常生活的。一个人成功了，其他人也能成功。

我毫不怀疑，若不是他妈妈和我那样千方百计地塑造他的思想，布莱尔必定终其一生都将是聋哑人。迎接他出世的医生私下里告诉我们，这个孩子很可能永远都不能听，也不能说话。就在几个星期前，该领域的著名专家欧文·沃利斯博士为布莱尔做了一次彻底的检查。看到我儿子如今能多么自如地听说，他震惊极了，说他的检查显示，"理论上，这个男孩根本就没办法听到声音"。可不管 X 光片如何显示他的颅骨里根本没有连通大脑的通道，这小伙子就是能够听的。

当我在他大脑中植入对于听说的欲望，对于像正常人一样生活的欲望，这股动力便以某种我们所不知晓的方式影响了上天，让它转而搭建起桥梁，跨越静默深渊，将这男孩的大脑与外部世界连通起来。这是哪怕最睿智博学的医学专家也无法解释的。哪怕只妄自猜测上天是如何创造了这个奇迹，于我而言，也是冒犯亵渎。哪怕只是一时疏忽，忘记将这奇特经历事无巨细、一丝不漏地都告诉世界，对我来说，也是不可原谅的。那是我的责任，也是我的荣幸。我有理由说，我相信，对于拥有背靠坚韧信念的欲望的人来说，没有什么不可能。

毫无疑问，炽烈的欲望自有其秘密之道，可以将自身转化为等价的物质实体。布莱尔的欲望是拥有正常的听力。现在，他拥有了它！他天生有缺陷，这种缺陷很容易让人屈从于含糊的欲望，捧上马口铁杯子和大把铅笔，走上街头讨生活。可他的缺陷给了他保障，让他能以此为媒介，为千百万苦于听力障碍的人提供服务；也让他得到了一份好工作，有了未来生活的经济保障。

在他还是个孩子时，我为了引导他相信自己的缺陷会变成巨大的财富，将一个小小的"善意的谎言"放进了他的脑海。如今，这个"谎言"证明了，它不是谎言。是的，只要有信念，有燃烧的欲望，没有什么是不能成真的。人人都能获得这些品质，无须付费。

我见过许多遭遇各自问题的男女，却从未见过有哪个案例能够更清晰地展示欲望的力量。写作者们有时会犯下错误，涉足他们只知皮毛或只短暂接触的领域。而我的幸运之处在于，我能够通过自己亲生儿子的病痛，有幸测试"欲望之力"的威力。或许，考验如此到来是他的幸运，毫无疑问，面对这样的情形，谁也不能说比他更有准备，更能好好证明，当欲望被投入考验中时究竟会发生什么。如果连大自然也要屈从欲望的意志，那么，单靠人力是否真的能战胜"炽烈的欲望"呢？

多么神奇、多么难以预料啊，人类大脑的力量！我们不了解它如何利用周遭环境的点点滴滴，如何调度它能触及的每个人、每个物体，不知道它如何将"欲望"转化为相应的实物。也许有一天，科学家们能够揭开这个秘密。

我在儿子脑中植下像正常人一样听说的欲望。这个欲望如今变成了现实。我在他脑中植下化最大缺陷为最大财富的欲望。这个欲望实现了。我们收获了惊人的成果，所用的方法却并不难解说清楚。其中包含三个非常明确的事实：第一，我将"信念"融入对正常听力的"欲望"，并传达给我的儿子。第二，我努力尝试一切可能的方法，将我的"欲望"传递给他，坚持不懈，锲而不舍，年复一年。第三，他信任我！

就在本章即将写作完成时，传来了舒曼海因克夫人的死讯。新闻短讯里简单介绍了这位非凡女性作为歌手所取得的巨大成功和缘由线索。我在这里引用了这段话，因为其中所包含的线索不是别的，正是"欲望"。

职业生涯之初，舒曼海因克夫人造访当时维也纳宫廷歌剧院的主管，想请他听自己唱一段。可他根本没听，只看了这衣着寒酸、举止笨拙的女孩一眼，他就毫不客气地大声断言："这么一副长相，完全没受过专业训练，你怎么能指望在歌剧领域取得成功？好孩子，放弃这个念头吧。去买台缝纫机，好好干活。你永远都不可能成为一名歌手。"

"永远"是一段很长的时间！这位维也纳宫廷歌剧院的主管很懂歌唱技巧。可他太不懂"欲望"，不懂它转化为"痴迷"后会有怎样的力量。如果稍稍多了解一点这种力量，他就不会犯下这样的错误，连一个机会都吝于给予就判一名天才死刑。

好几年前，我的一位商业伙伴病了。他的病情越来越重，最后只能进医院接受手术。他进手术室前，我去看望了他，当时心里很怀疑，他都瘦弱憔悴到这样的地步了，还能熬过一场大手术吗？医生提醒我，能看到他生还的机会微乎其微，可那是医生的看法，不是病人自己的看法。就在被推走前，他气若游丝地说："别担心，头儿，我过几天就能出院了。"手术护士满怀同情地瞥了我一眼。可这位病人真的平安熬过了手术。事后，他的医生说："他能活下来，全靠他自己的求生欲。要不是他不肯接受死亡的可能性，是绝不可能顺利度过危机的。"

我相信有信念支撑的欲望的力量。因为我见过这种力量将人从卑微的起点送上财富与权势的高点；我见过它将人从死神手里抢出来；我见过它以千百种方式成为人们遭遇挫折后卷土重来的倚仗；我见过它给了我的亲生儿子一个正常、快乐、成功的人生，哪怕老天原本将他送入的是一个没有耳朵的世界。

可"欲望"的力量要如何驾驭、如何使用呢？本章和以下各章节就此给出了答案。在美国持续最久，很可能也是破坏力最严重的经济萧条之后，这一信息将为全世界所知。我们有理由相信，这个信息将引起许多人的关注，他们都曾在大萧条期间饱受创伤，或失去了财富，或失去了地位，其中大多数人必将重整旗鼓，卷土重来。对于这些人，我希望能让他们了解一点：所有的成就，无论其本质或目的是什么，最初必定来自对于某种明确目标的强烈欲望。

通过某种它从未揭示的奇妙而强大的"精神化学"原理，大自然藏身在"强烈欲望"的推动力中，这种力量不知道什么叫作"不可能"，不接受"失败"的存在。

3 信念
FAITH

把欲望具象化，坚定信心
通往财富宝藏的第二级台阶

"信念"是头脑的首席化学大师。当信念与思考的律动相协调，潜意识便会立刻捕获这种律动，将其转化为相应的精神力量，再将精神力量传送给"无限智慧"，祈祷也是同样的原理。

"信念""爱"和"性"是三种最有力量的正面情感。当三者调和，便能够为思考的律动"着色"，这样，这律动便能立刻传达到潜意识层面，在那里，它将被转化为相对应的精神力量，这是唯一能够引动"无限智慧"回应的力量。

爱与信念是精神层面的，与人的心灵有关。性则是纯生理层面的，只与身体相关。这三种情感的混合（或者说调和），能够直接将有限的人类思想与"无限智慧"相连通。

如何建立信念

有一种说法能够帮助我们更好地理解自我暗示在将欲望转化为它对应的物质或货币实体过程中的重要性。换句话说，信念是一种心理状态，它是能够被诱发或被创造出来的，方法就是借助"自我暗示"的原理，通过肯定和重复，将指令送达潜意识层面。

举个例子来说吧。想一想你是出于什么目的来读这本书的。显然，你的目的是为了获取一种特定的能力，以期将无形的"欲望"之力转化为它对应的实物，也就是金钱。在后文的"自我暗示"章节以及对前者加以总结的"潜意识"章节中，我们给出了具体的操作指南。遵循这些指南，你也许就能够"说服"你的潜意识，你相信自己能够心想事成，随后，潜意识便会基于这种信心展开行动，在实现"欲望"的计划成型后，"信心"被成功转化为"信念"，反馈给你。

关于如何让还没有信念的人建立"信念"，要说清楚其中的方法是极困难的，事实上，其难度堪比向从没见过色彩的盲人描述什么是红色，你找不到任何可以做类比的参照物。然而，作为一种心理状态，"信念"也是可以随时建立起来的，前提条件是，你掌握了本书讲述的十三个要素，因为这种心理状态是自发建立的，所借助的正是对这些要素的运用和发挥。

向你的潜意识反复发出肯定的指令，这是目前所知唯一能够激发"信念"这种情感自动建立的方法。

也许接下来这个解释能更清楚地说明这个概念，我们要探讨的是，人为什么会变成罪犯。一位著名的犯罪学家这样说："当人们第一次与犯罪发生联系，他们会憎恶它。如果继续和犯罪有所关联，持续一段时间后，他们会开始习惯它、容忍它。如果依然继续保持足够长时间的联系，他们终究会敞开怀抱拥抱它，被它所影响。"

这也就是从另一个角度说明了，任何思考的冲动只要不断向潜意识层面重复传递，它早晚能被潜意识所接受并付诸实践，最终的结果就是，借由可知的最实用方法，将这种动力转化为对应的物质实体。

说到这里，再回头想一想这句话吧：所有思考，一旦被赋予情感（得到情绪感受），并有了信念的加持，便会立刻开始了向其物质对等物或对应物的转化。

思考中的情感，或者说"情绪""感受"，是令思考拥有生机、生命和行动力的元素。当"信念""爱"和"性"这些情感遇上思考的冲动，所衍生的行动力比其中任何一种情感本身所能产生的更大。

能够与思考的冲动相融合的并不只有信仰，任何正面或负面的情绪都能做到这一点，进而触及并影响潜意识。

通过以上说明，你应当已经了解了，潜意识能够转化为对应的物质形态，负面或破坏性的思想冲动与正面或建设性的思想冲动有同样实际的影响力。这同样也能解释千百万人曾亲身经历过的那种被称为"不幸"或"坏运气"的奇怪现象。

成百上千万的人相信，由于某种不可控的奇怪力量，自己"注定"要贫穷，要失败。他们一手造就了自身的"不幸"，只因为秉持着负面的"信心"，这种"信心"被潜意识捕获，转化成了对应的现实。

说到这里，我们应该再一次提醒，鉴于期望或"信心"作用下的转化是真实存在的，通过影响潜意识，你能够从中获益，实现"欲望"，将你的期望转化为相应的物质或金钱实体。你的"信心"（或者说"信念"）是指挥潜意识行动的决定要素。没有什么能阻止你"欺骗"你的潜意识，通过自我暗示向它发布命令，就像我"欺骗"我儿子的潜意识一样。

若想让这种"欺骗"显得更加真实，在你召唤潜意识的帮助时，就要做得好像已经拥有了你所期待的那样东西。

潜意识能够转化为对应的物质实体，但这个过程需要借助最直接有效的媒介，也就是一种经过"信心"或"信念"加持的命令，一种已经被认为必然能实现的命令。

当然，已经有无数实例证明，人们可以从尝试与练习起步，进而获得将信念任意融入任何指令的能力，这些指令都将传达到你的潜意识层面。完美来自练习，单凭看看说明指南是不够的。

如果说，与罪恶保持接触能让人变成罪犯（这已是公认的事实），那么，自发向潜意识输送"拥有信念"这样的自我暗示同样也能建立起信念。最终，受到主导暗示的影响，大脑便具有了相应的特质。了解了这一真相后，你就能明白，为什么控制情绪对大脑的影响如此关键，为什么需要尽力保障正面情绪占据主导地位，同时阻止甚至于消除负面情绪。

正面情绪为主导的大脑会是所谓"信念"这种心理状态最理想的暖巢。这样一个大脑能够随心所欲地向潜意识发送指令，而后者将会立刻接受并付诸行动。

信念是可因自我暗示而生的心理状态

从古至今，无数圣徒教首告诫苦苦挣扎的人类，要对于这个那个"有信念"，要笃信各种各样的教理教义，可他们都没能告诉人们，如何拥有"信念"。他们没说过，"信念是一种心理状态，这种状态可以通过自我暗示建立"。

我们将用任何人都能理解的语言，来解说一切已知的原理，探讨信仰如何从无到有，发展建立。

信念在于你自己。信念在于无尽的时空宇宙。

在我们开始之前，你应当再一次温习以下各点：

信念是能赋予思想的冲动以生命力、力量和行动力的"灵丹妙药"！

上面这句话值得被一而再，再而三地诵读。大声读出来！

信念是一切财富积累的起点！

信念是所有"奇迹"、所有无法以科学道理分析的神秘事件的根源！

信念是"失败"的唯一解药！

信念是元素，是"催化剂"，能够与祷告融合，直接连通"无限智慧"。

信念是元素，能够将平凡有限的人脑所产生的平凡思考律动，转化为相应的精神力量。

信念是唯一的媒介，通过它，"无限智慧"的力量就能够为人类所掌控、所利用。

上述每一句话都是有证可查的！

证据很简单，说来也不难。就藏在"自我暗示"的原理中。因此，且让我们把注意力转向"自我暗示"这一要素，看看它究竟是什么，有怎样的能力可以助人达成心愿。

众所周知，无论真假，凡事说上一千遍，也就成了真的。如果有人一次次向自己重复谎言，最终，他就会把谎言当成真相接受下来。他甚至会坚信那就是真相。每个人都是他自己，成为怎样的人，取决于他允许什么样的"主导思维"占据他的头脑。一个人将某些思想小心翼翼地放入自己的大脑，然后以赞同激励它们，以一种或多种情感滋养它们，到最后，这些思想就可以形成推动力，指引并控制他的每个举动、行为和行动！

现在，我们有了一个对于事实真相的非常明确的表述：

任何融入了情感体验的思考都能形成一种"磁场"，吸引来自以太共鸣中相近或相关的思考。

或许，我们可以将这种拥有情感"磁场"的思考比作种子，它被撒入肥沃的土壤，发芽，生长，不断繁殖，直至最初的一粒种子变成数以千百万计的"同类"种子！

以太是全宇宙永恒律动之力的巨大集合。其中有毁灭的律动，也有建设的律动。无论何时，其中总有恐惧、贫穷、疾病、失败、痛苦的律动，也有繁盛、健康、成功和快乐的律动，就像广播里传出的声音，同时包含着千百管弦乐音和千百人声，各自独立，各自分明。

人类的大脑不断在以太的巨大仓库中寻找与自身主导意识和谐共鸣的律动。主导一个人大脑的任何思考、概念、计划、目标都会在以太的旋律库中吸引到它的"亲戚"，并吸纳这些"亲戚"成为自身的力量，逐渐成长壮大，直至成为主宰、激励其宿主的主导者。

现在，让我们回到起点，了解一下最初那颗想法、计划或目标的种子是如何被种进大脑里的。信息是很容易传递的，任何想法、计划或目标都能通过不断重复地思考被植入大脑。此前，你可能有疑问，为什么要将你最大的目标或"明确的主要目的"写下来，大声朗读，反复记诵，日日如此？这就是原因，为的是将这些声音的律动传送到你的潜意识里。

我们之所以成为现在的我们，是因为在周遭环境的刺激下，我们选择了某种思考的律动，并纳为己用。

下定决心吧，摆脱一切不幸环境的影响，定制、创造属于你自己的生活。盘点你的精神资产和负债，你会发现，你最大的弱点是缺乏自信。但这个缺陷是可以被克服的，羞怯可以转化为勇气，只需要做一个简单的正向思维准备，把它写下来，背诵、重复，直到它成为你大脑中潜意识层面的一大有效工具。

自信配方

1. 我知道自己拥有实现人生"明确目标"的能力，因此，我要求自己采取坚持不懈的行动，向目标靠近，就在此时此刻，我承诺，我会采取这样的行动。

2. 我了解，我大脑中的主导思想必将自我复制，成为外向的切实行动，并逐步转化为现实，因此，我会每天拿出三十分钟，集中精神，想象我希望成为的那个人，以此在脑海中勾勒出这个人的清晰形象。

3. 我明白，借助"自我暗示"这一要素，我抱持的任何欲望最终都会通过某种为达成目标而采取的实际行动找到其表达方式，因此，我会每天拿出十分钟问问自己，我的自信培养得如何了。

4. 我已经将我人生"明确的主要目标"一清二楚地写在了纸上，我绝不会停止努力，直至建立起达成目标所需的充分自信。

5. 我完全清楚，除非基于真相和正义，否则一切财富、地位都是不长久的，因此，我不会涉足任何有损相关人士的事务。我会吸引我希望运用的力量，通过与他人的合作，来追求成功。我会吸引他人为我服务，因为我愿意服务他人。我会通过培养对全人类的爱来消除憎恨、妒忌、猜疑、自私和愤世嫉俗，因为我知道，对他人的负面态度不能为我带来成功。我会让他人相信我，因为我也会相信他人，并且相信自己。

6. 我会将我的名字签在这份配方上，记住它，每天大声朗读一次，满怀信念，相信它会逐渐影响我的思想和行为，从而将自己培养成一个自立自强、成功的人。

这份配方背后隐藏着一条自然法则，但没有人能够解释清楚。它难住了古往今来的所有科学家。心理学家称之为"自我暗示"，起完名后就把它放在了一边。

这条法则被称为什么并不重要。重要的是，如果运用得当，它就能为全人类的光荣与成功而战。反之，如果运用不当，它也能轻易造成破坏。我们从中能够发现一个显而易见的事实——那些被失败打倒，终其一生困于贫穷、不幸和伤痛中的人之所以遭遇那样的命运，是因为他们错误地运用了"自我暗示"法则。原因存在于事实之中，即：一切思想冲动都有同样的倾向，它们喜爱在现实中以相应的衣饰装扮自己。

潜意识是大脑的化学实验室，一切思想的冲动都在这里融合，为向现实转化做好准备。它对所有思想一视同仁，无论是建设性的还是破坏性的。它用我们提供的原材料工作，借助我们的思想冲动。潜意识会将恐惧驱动的思维转化为现实，一如将勇气、信念驱动的梦想变为现实。

医学史上记载了无数"暗示式自杀"的案例。人可以因负面暗示而自杀，威力不逊于任何其他方式。在中西部的一个城市里，有个叫约瑟夫·格兰特的银行职员，他未经上级批准便"借用"了大笔银行资金。这些钱都被他赌博输光了。一天下午，银行审查人员前来检查账目。格兰特离开银行，在一家本地旅馆开了个房间。三天后，当人们找到他时，他正躺在床上哭号，不断重复着说："上帝啊，这会杀了我的！我无法承受这样的耻辱。"不久，他死了。医生断定，这正是一例"精神自杀"案例。

就像电力，用得好可以驱动工业运转，用错了也能夺人性命。同样，自我暗示的法则能带给你和平兴旺，也能把你拉入不幸、失败甚至死亡的深渊，就看你如何理解和运用了。

就个人能力与"无限智慧"的连接、运用而言，如果你让心中充满恐惧、疑虑和不信任，自我暗示法则就会捕获这种不信任的精神，采用其作为潜意识的行为模式，应用在相应的现实转化过程中。

这种说法的正确性毋庸置疑，就像"一加一等于二"一样！

风能把船带向东方，也能送往西方，同样，自我暗示法则可以助你登高，也能拽你入地，全在于你如何安放你的"思想"之帆。

借助自我暗示法则，任何人都能达成其原本不敢想象的成就，接下来这首诗[1]就很好地说明了这一点：

若你觉得被打败，你便败了，

若你觉得不敢，你便怯了，

若你想赢却觉得不行，

你多半便是输了。

若你觉得会失去，你便失去了，

因为我们走遍世界，

发现成功，竟始于人心——

它就在你的心中。

若你觉得优越，自然出类拔萃，

你想登高，必得仰望，

1　即诗歌《你觉得》（*Thinking*），现存多个版本，最早见于1905年，作者为华特·D. 文特尔（Walter D. Wintle），19世纪末20世纪初人士，生平不详。

你想赢得大奖

必得自信昂扬。

人生之战，并非总是

强者与快者的主场，

或早或晚，胜者决出，

是自信的那一方。

留意上面的形容词，你就能抓住这首诗蕴含的深意。

在你的表象之下，或许是脑细胞内，或许是别的什么地方，成功的种子沉睡着，只要能唤醒它，让它行动起来，你就能登上或许从未奢望过的高峰。

就像音乐大家能够让小提琴的琴弦倾泻出美妙的旋律，你也能唤醒沉睡在脑内的天赋，让它带你攀向任何你想去往的终点。

亚伯拉罕·林肯在四十岁以前一事无成，做什么都失败。他就是个无名小卒，直到一次重大的体验降临他的人生，唤起了沉睡在他心灵与大脑中的天赋，才为这个世界带来了一位真正的伟人。那场"体验"是悲伤与爱的融合，来自安妮·拉特莉琪，他唯一真正深爱过的女人。

众所周知，作为感情的"爱"是最接近"信念"这种心理状态的，这是因为，爱最容易将一个人的思想冲动转化为相应的精神力量。在对数百名杰出人士的生活、工作以及个人成就研究的过程中，我发现，几乎每个男人身后都有一个女人的爱在发挥影响。爱的情感会在人类的心灵与大脑中开辟一片绝佳的磁场，引来飘荡在茫茫以太中的那些更高、更好的律动，汇入其中。

如果你希望得到有关"信念"的力量的证据，看看那些善用它的男女所达成的成就吧。排在这个名单之首的要数拿撒勒人。论及影响人心，基督教是伟大的单体力量。而它的根基正是"信念"，无论多少人曾误会或曲解这种伟大力量的意义，无论多少教理教义被冠以它的名号，都无损于它的奥义。

耶稣基督所有的教导与成就或许会被视作"奇迹"，事实上，它们不是别的，正是"信念"所带来的结果。如果世上真有那么一种名叫"奇迹"的东西，那也只可能是被称为"信念"的心理状态的产物！有的人传教布道，自称基督徒，却从未理解，也不曾实践过"信念"。

就让我们来探究一下信念的力量吧，如今，正有一个人将它展示得淋漓尽致。那是所有文明世界都听过大名的、来自印度的"圣雄"甘地。在他身上，世界看到了已知文明中最震撼的例证——关乎"信念"的可能性。当今世上，甘地能够调动的力量比任何人都强大，尽管他并没有东正教教会所拥有的武器，比如金钱、战船、士兵以及武器物资。甘地没有钱，没有房子，连一套成套的衣服都没有，可他确确实实拥有力量。他的力量从何而来？

从他对于"信念"这一要素的理解而来，他通过一己之力，将他的信念植入了两亿人的头脑中。

通过信念的影响力，甘地成就了惊人的壮举，那是地球上最强大的军事力量都未曾做到的，而且永远无法凭借士兵与武器实现。他影响了足足两亿人，令他们的心意相连，同心同德，宛如一心。

除了信念，人世间还有什么能够做到这样的地步呢？

总有一天，无论雇主还是雇员，人人都会发现信念的力量。这一天已经初现曙光。在最近这场大萧条里，整个世界都有大把机会见证，"信念缺失"能够对商业造成怎样的影响。

　　当然，人类文明孕育了无数有识之士，他们能够吸取这场大萧条教给世界的教训，善加利用。大萧条中，数不清的证据向这个世界证明了，广泛蔓延的恐惧足以令工业与商业的车轮停止运转。自这段经历中涌现出来的工商业领袖必将从甘地为世界做出的示范中获益，学习他赖以发展出有史以来最多追随者的策略，应用于各自的行业实践中。这些领袖将来自平凡人之中，他们默默无闻，现在可能还在钢铁厂、煤矿、汽车厂里工作，可能还生活在美国的各个小城小镇中。

　　变革在所难免，这一点不容置疑！过去的方法往往借助于经济的"威力"和"恐惧"，它们必将被更好的方式所取代，新的方式将基于"信念"与"合作"。人们的劳动所得将不再仅限于日工资，他们将分得生意的红利，和拿钱投资生意的人一样。但在那之前，他们首先得为雇主付出更多，停止以牺牲公众利益为代价的强行争利、讨价还价。他们必须赢得分红的权利！

　　除此以外，更重要的是，他们将追随领袖，领袖将领会并实践"圣雄"甘地的行事准则。唯有如此，领袖才能令他们的追随者全心全意地投入协作，形成最强大而持久的力量。

　　我们此前生存并且刚刚开始逃离的那个惊人的工业时代夺走了人们的灵魂。它的引领者驱使人们工作，如同使用冰冷的机器零件。他们是不得已而为之，因为雇员总竭尽所能与他们讨价还价，只想索取，不愿给予。而未来时代最引人注目的字眼将是

"人类的幸福与满足"。当这种心理状态达成，生产将会自行运转，比以往任何时候都更高效，毕竟，人类在过往的历史中还从来没能将信念、个人志趣与劳动相结合。

有鉴于工商业经营对于信念与合作的需要，有一项研究工作必然是有趣且有益的，它能够对实业家和商人积累巨额财富的方法提供最好的解读，这方法就是：先给予，再索取。

在这一点上，我们选择的案例要追溯到1900年，那还是美国钢铁公司刚刚起步的时候。读这个故事时，请务必牢记这些基本要素，你将明白，"点子"是如何转变为巨大的财富的。

第一，美国钢铁公司这个庞然大物最初诞生于查尔斯·迈克尔·施瓦布的大脑中，经由他的想象力，以"点子"的形式出现！第二，他将信念融入了他的点子。第三，他制订了一个计划，目的在于将他的点子变成实实在在的、财务上的现实。第四，他将计划付诸实践，在大学俱乐部里发表了一场著名的演讲。第五，他拿出坚持的态度执行计划，以坚定的决断支持行动，直至计划完全实现。第六，他以渴求成功的强烈欲望铺平了通往成功的道路。

许多人常常好奇于要如何才能累积起巨额的财富，如果你也是其中一员，这个从无到有创建美国钢铁公司的故事或许能对你有所启发。如果你对人们如何"思考致富"表示怀疑，这个故事也许能打消你的疑虑，因为，在这个有关美国钢铁公司的故事里，你将看到我们在这本书里提到的十三大要素中的绝大部分，看清它们是如何发挥作用的。这个关于"点子威力"的故事惊心动魄、跌宕起伏，来自约翰·洛威尔的讲述，最初发表在《纽约世界电讯报》上，承蒙他的慷慨好意，现转录于此：

价值十亿美元的餐后演讲

那是1900年12月12日的晚上，八十几位金融界名流都聚在第五大道大学俱乐部的宴会厅里，宴会主角是一位来自西部的年轻人。能在当晚、当时就意识到自己即将见证美国工业史上最重大一幕的来宾，还不足六个。

J.爱德华·西蒙斯[1]和查尔斯·斯图尔特·史密斯此前造访匹兹堡时得到了查尔斯·迈克尔·施瓦布的热情款待，因此，他们出于感激组织了这场晚宴，要将这位三十八岁的钢铁业人士引入东部银行家的社交圈。可他们并不指望他能在这次聚会中有所作为。事实上，他们告诫他，这些衣冠楚楚的纽约人并不会因为一次演讲就敞开胸怀，如果他不想让斯蒂尔曼、哈里曼、范德比尔特们心烦的话，最好是把自己的发言控制在十五到二十分钟之间，克制地对自己稍加介绍即可。

当天晚上，约翰·皮尔庞特·摩根[2]也在，他就坐在施瓦布右边，一派王者风范。他原本只打算亮个相，稍微坐坐就走。至于新闻报道之类的，这件事本身就小到完全没有可能登上第

---

1 J.爱德华·西蒙斯（J. Edward Simmons），美国银行家，曾出任纽约证券交易所主席，任期为1884至1886年。

2 约翰·皮尔庞特·摩根（John Pierpont Morgan Sr., 1837—1913），美国金融家、银行家，黄金时代（约19世纪70年代至1900年期间）美国华尔街公司金融业务的统治者，于1871年创建J.P.摩根公司。摩根公司在2000年与大通银行、福林明集团完成合并，更名摩根大通公司，为当今全球历史最悠久、规模最大的金融服务集团之一。

二天的报纸。

就这样，两位主人和众位大名鼎鼎的宾客吃完了常规的七八道菜。席间少有交谈，即便有，也非常克制。这些银行家和经纪人几乎都没见过施瓦布，毕竟，他的业务都在莫农加希拉河一线开花，东部没人听说过他。可还不等这一晚结束，连同大财阀摩根在内，所有人都被他折服了，一个价值百万美元的婴儿——美国钢铁公司——开始孕育成型。

当晚施瓦布的晚宴演讲没能留下任何记录，从历史的角度来看，这多半是一大不幸。但后来，施瓦布又在芝加哥一个类似的银行家聚会中再次发表演讲，重复了前一次的部分内容。再之后，当政府提起诉讼，要求解散钢铁信托时，他站上证人席，就当初如何吸引摩根积极投入相关的金融运作陈述了一番。

总而言之，那也许只是"朴实的"演讲，不太讲究文法（施瓦布从来就不肯在语言细节上多花心思），却处处可见隽言警句，时时闪烁出智慧的光芒。除此之外，它还具备惊人的力量和影响力，甚至撬动了现场诸人背后大约价值五十个亿的资本。尽管施瓦布足足讲了九十分钟，可直到演讲结束之后，在场众人依然沉浸其中，难以自拔，摩根甚至额外拿出一个小时，在一处隐蔽的窗边，坐在并不舒适的高椅上，双腿晃荡着，与演讲者单独交流了一会儿。施瓦布的个人魅力火力全开，但更重要、影响也更持久的是他对于拓展钢铁业所作出的规划。这份规划轮廓清晰、成熟丰满。很多人曾经试图打动摩根，想吸引他参照糕点食品、电信电缆、制糖业、橡胶、威士忌、石油、口香糖等行业的整合模式，出手打造一个钢铁信托。投机者约翰·W.

盖茨尝试过，可摩根不相信他。摩尔男孩比尔和吉姆身为芝加哥证券业者，拥有成功打造火柴业信托和烟花爆竹公司的经验，也尝试过，同样失败了。埃尔伯特·H.加里，徒有诚恳模样的乡村律师，想过要培育一个，但规模太小，完全不足以引人注目。直到施瓦布出现，以其口才引领摩根登高纵览，让他看到了这项前所未有的大胆投资注定能够获取的收益。在此之前，这样的项目一直被认为是空想家们想要赚快钱的疯狂幻梦。

大约从三十年前开始，金融的磁场就开始吸引成千上万小型企业投身竞争激烈的行业大整合，其中包括一些经营管理不善的公司。至于钢铁行业，兴高采烈的商业海盗约翰·W.盖茨早已插手其中，战胜一系列小的竞争对手，建立了美国钢铁与电线公司，并联手摩根创办了联邦钢铁公司。国家管道公司和美国桥梁公司是摩根的另外两大关注项目。摩尔兄弟抛弃火柴和糕饼行业，转而成立了"美国"集团（制造锡铁皮、钢环和钢板）和国家钢铁公司。

然而，有安德鲁·卡耐基的垂直信托在侧，其他组织都难免相形见绌。毕竟，前者是一个庞然大物，拥有五十三个合作伙伴共同运营。其他组织固然可以全身心投入其中，却也无法撼动卡耐基信托分毫，这一点，摩根很清楚。

性情古怪的老苏格兰人[1]也很清楚。他站在巍峨的史基博

1　即安德鲁·卡耐基，他是苏格兰裔美国人，当时居住在苏格兰高地的史基博古堡（Skibo Castle），该古堡现为卡耐基俱乐部所在地，是当地的著名地标之一。

古堡俯瞰摩根旗下的小公司纷纷闯入他的领地，一开始只觉得有趣，渐渐开始恼怒。当这样的尝试越来越大胆，卡耐基的脾气化作了怒火与反击。他决定复制对手的所有工厂。在此之前，他对线缆、管道、环箍和板材毫无兴趣。相反，他很乐意将原钢卖给这些公司，任由它们把原材料加工成任何形状。可现在，有了施瓦布率军兵临城下，他决定把敌人统统赶尽杀绝。

这就是摩根在施瓦布的演讲中看到的，他找到了联合企业当前问题的解决方案。一个没有卡耐基巨头的信托根本就不是信托，就像有个作者说的，那就像没有葡萄干的葡萄布丁。

施瓦布在1900年12月12日的演讲虽然没有承诺将卡耐基的企业纳入摩根麾下，但无疑包含了这样一种推论。他谈到了全球钢铁业的未来，谈到了能源业的重构，谈到了专业化，谈到了剥离经营不善的工厂，集中精力发展优质资产，谈到了矿石运输成本、部门管理成本，谈到了开拓海外市场。

甚至，他还当面指出了某些商业强盗们过往做法中的错误。他推测说，他们的目标就在于形成垄断，抬升价格，然后利用特权获取丰厚的红利。施瓦布用诚挚的方式判定了这种做法的谬误。他告诉他的听众，如果这样一种短视的策略放到现实中，无异于恰恰在一个一切都迫切需要扩张的时代里限制市场的发展。同时，他提出，降低钢铁制造成本能够创造出一个不断发展扩大的市场，能促进钢铁的更多用途得到发掘，进而在全球贸易中占据相当可观的份额。事实上，虽然他自己没有意识到，但施瓦布的确就是现代化规模生产的信徒。

就这样，大学俱乐部的晚宴结束了。摩根回到家中，思索着施瓦布描绘的美好蓝图。施瓦布回到匹兹堡，继续经营他的"小型卡耐基式"钢铁业务。加里和其他人回到他们各自的股票行情显示屏前，等待下一个机会降临。

机会很快来了。摩根用了差不多一个星期来消化施瓦布送到他面前的"大餐"。等到确认不会导致任何金融上的"消化不良"后，他向施瓦布发出邀请，却发现这位年轻人颇有顾虑。施瓦布提出，卡耐基先生可能很不喜欢看到他信任的公司管理者跟华尔街的皇帝眉来眼去，毕竟，卡耐基是决意不肯涉足华尔街的。于是，作为中间人，约翰·W. 盖茨提议，施瓦布可以"凑巧"入住费城的贝尔维尤酒店，刚好，J.P. 摩根也"凑巧"住在那里。可是，就在施瓦布抵达后，不巧摩根偏偏病了，只能留在纽约的家中，于是，在这位长者恳切的邀请下，施瓦布前往纽约，亲自登门，出现在这位金融家的图书室门口。

到今天，很多经济史学家坚持认为，这整出大戏从头到尾都是安德鲁·卡耐基一手策划的——从引荐施瓦布的晚宴、那场著名的演说，到施瓦布与金融大帝在那个周日夜晚的会面，全都出自那位精明的苏格兰人的手笔。可真相恰恰相反。当施瓦布受邀参与这项交易时，他甚至没把握，那位人称"小老板"的安德鲁先生是否愿意听一听这桩收购案的提议，特别是这个提议还出自被安德鲁判定为"天生不够高贵"的群体。可在开始会谈前，施瓦布还是带去了他亲手写下的数据分析，整整六页，工整清晰——列出了他个人认为在新的钢铁业环境下有望成为中流砥柱的企业，分析了它们的资产价值和盈利能力。

四个人花了一整夜时间研究这些数据。领头的当然是摩根，财富之天赋权利的坚定信仰者。外加他贵族气派的合作伙伴、学者兼绅士罗伯特·培根。第三个是约翰·W.盖茨，摩根总嘲笑他是个赌徒，拿他当工具使唤。第四个就是施瓦布，彼时世界上最了解钢铁制造与销售的人。整个会议中，匹兹堡人的数据从未被质疑。如果他说一家公司值那么多钱，那它就值那么多，不会多也不会少。而且，他坚持只整合他列出的这些企业。在他设想的企业中不存在同质化的部分，更别说去满足那些只想把担子卸给摩根的所谓朋友们的贪心了。因此，他刻意忽略了不少较大规模的企业，要知道，华尔街的海象和木匠们[1] 早就将饥渴的目光投向了他们。

天色破晓时，摩根站起身，伸了个懒腰。现在，只剩下一个问题了。

"你认为你能说服卡耐基出售吗？"他问。

"我可以试试。"施瓦布说。

"如果你能让他答应出售，我就负责买下来。"摩根说。

到目前为止，一切顺利。但卡耐基肯卖吗？他会开出什么样的价钱？（施瓦布的心理价位是三亿两千万美元）他会要求如何支付？依照惯例，是更喜欢股票、债券，还是现金？没人能一口气拿出三个亿的现金。

次年一月，一场高尔夫球赛在韦斯切斯特附近圣安德鲁塞

1　此处化用英国作家路易丝·卡罗尔（Lewis Carroll，1832—1898）的寓言诗《海象与木匠》(The Walrus and the Carpenter)，这首诗出现在《爱丽丝漫游奇境》的续集《爱丽丝镜中奇遇记》里，大意讲述海象与木匠在海滩散步，偶遇一片牡蛎滩后招呼牡蛎们一同散步，最后将同行牡蛎全部吃掉的故事。

冷的野外举行，安德鲁裹着毛衣御寒，查理如同往常一样，用滔滔不绝的聊天来提振精神。他们只字未提生意的事，直到两人走进不远处卡耐基温暖舒适的乡间别墅里坐下。接下来，曾经说服了大学俱乐部里八十几名百万富翁的口才再度出场，施瓦布舌灿莲花，描绘退休生活的舒适惬意，许下若干个价值百万美元的承诺，满足了老人的社会生活随想曲。卡耐基让步了。他在一张小纸条上写下一个数字，递给施瓦布，说："好吧，这就是我的报价。"

那个数字相当于四亿美元，以施瓦布的三亿两千万美元为基准值，另外再根据此前两年的价值涨势，增加八千万作为附加资本估值。

后来，在横渡大西洋的邮轮甲板上，苏格兰老人感伤地对摩根说："我真希望当时再多要一个亿。"

"你要是开价了，也就得到了。"摩根愉快地告诉他。

……

当然，并购引起了巨大的反响。一名英国记者发出越洋报道，称外国同行对这场超级并购案感到十分意外。耶鲁大学校长哈德利[1]宣称，除非信托机构归入国家管制，否则"二十五年之内，人们就能看到一名君王出现在华盛顿"。可能干的股票操盘手基尼不管这些，依然热情洋溢地向公众推销这只新股，结果，膨胀到将近六亿的数值转眼间就被市场消化了。于是乎，

---

[1]　即亚瑟·特温宁·哈德利（Arthur Twining Hadley，1856—1930），美国经济学家，在1899至1921年间出任耶鲁大学校长。

卡耐基得到了他的好几个百万，摩根的辛迪加有了六千二百万来解决它的所有麻烦，支付给它的所有"小子们"，从盖茨到加里，个个都得到了他们的百万身家。

……

三十八岁的施瓦布也收获了属于他的奖赏。他成为新企业的掌门人，手握大权，直至1930年。

这场关于"大生意"的戏剧讲完了。之所以将它收录在本书里，是因为它是对于"欲望能够转化为相应的物质实体"这一理论的完美证明。

我可以想象，有读者会质疑这种说法，看不见摸不着的小小"欲望"怎么可能转化为相应的实物呢？多半还有人会说："你不可能从'无'中生出'有'。"答案就在这个美国钢铁公司的故事里。

那个巨大的组织机构诞生于一个人的想法中。为这个机构提供钢铁厂，保证资金稳定的计划，也诞生自同一个人的脑海。他的"信念"，他的"欲望"，他的"想象力"，他的"坚持"，都是造就美国钢铁公司的实打实的原材料。一旦成为法律认可的实体，这家企业所需要的钢铁厂和机器设备就都是小事了。可细细分析，你就会发现一个事实，仅仅通过"将诸多企业归于统一体系管理"这一项交易，那些被收购的企业实体的市场估值就上升到了将近六亿美元。

换句话说，施瓦布的"点子"，在经过"信念"加持并借此成功传达到J.P.摩根和其他人的大脑之后，就在市场上收获了将近六亿美元的收益。就一个"点子"而已，这可不是什么可有可无的小数目！

至于其他人如何在这场交易中瓜分到上百万美元的收益，就不是我们现在要关心的问题了。在这项惊人的成就中，最重要的是，它作为一项无可置疑的例证，证明了本书所阐述的人生哲学的正确性，因为这套哲学就是整场交易的经纬线。更进一步说，这套哲学的可行性早已被美国钢铁公司繁荣发展的事实所证明——它成为美国最有经济实力、最有影响力的企业之一，为千万人提供了工作机会，发展了新的钢铁用途，开拓了新的市场，从而以此证明了施瓦布的"点子"的的确确能值六亿美元。

财富始于思想！

其数量只受限于个人本身，受限于他脑海中的"思想"所希求的数字。"信念"则会扫除限制！如果你准备向生活开价，无论想要索取的是什么，记住这一点。

同样，请记住，一手创建了美国钢铁公司的那个人，在那时还默默无闻。他只是安德鲁·卡耐基身后的"忠实仆人"，直到那个著名的"点子"在他脑海中诞生。之后，权势、声望和财富便滚滚而来。

4 | 自我暗示
AUTO-SUGGESTION

架起沟通潜意识的桥梁
通往财富宝藏的第三级台阶

"自我暗示"这一术语可以指代任何通过五种感觉进入大脑意识层面的暗示和自主刺激。换句话说，所谓"自我暗示"，就是人对自己的示意。它是沟通意识所在部分与潜意识所在层面的桥梁。

当个人允许一种主导思维占据意识层面，那么，无论这些无形的思维是正面的还是负面的，都会借助"自我暗示"这一原理，自动传达至潜意识层面，并影响潜意识。

除了来自以太的意念之外，没有任何思维能够不借助"自我暗示"的帮助而进入潜意识层面，无论它们是积极的还是消极的。换言之，所有经五种感觉得来的感官印象都只会停留在意识层面，然后依照个人意愿，要么被引入潜意识，要么被送回外界。因此，意识所担当的角色，就是潜意识大门的守卫者。

上天造人，令人类拥有通过五种感觉向自身潜意识提供养料的绝对掌控权，然而，这并不意味着人们总是有能力行使这种掌控权。大多数人从未行使过这样的权利。如此也就可以解释，为什么有那么多人会穷困潦倒地度过一生。

回想一下，我们曾将潜意识比作肥沃的花园，园中若是没有更好的种子生根发芽，必然野草丛生。自我暗示是掌控力的媒介，通过它，个体可以主动选择以创造性思维滋养潜意识，反之，也可以毫不在意地放任破坏性思维进入这个大脑的肥沃花园。

在"欲望"一章中有关六步骤的解说中，你已经知道了，要把你对金钱的欲望写下来，每天大声诵读两次，要"看到并且体会到"你已经拥有了这些金钱！这样做，就是为了携绝对信念的精神之力，将你的欲望直接传递到潜意识。通过不断重复这一步骤，你就能自然形成有益的思维习惯，帮助你将欲望转化为相应的真实财富。

继续读下去之前，请先翻回第二章，认认真真地把那六个步骤再读上一遍。等你读到"有序的计划"的部分时，记得仔细研读其中有关组建"智囊团"的四条指南。将这两条指南与本章中关于"自我暗示"的陈述对比，你自然就能看出，这些指南中全都蕴含着对"自我暗示"这一要素的应用。

因此，要牢记，如果只是简简单单地读出你的欲望清单（它能够帮助你尽可能形成"金钱意识"）上的文字，是没有意义的，你必须在其中融入感情或情绪。哪怕是将埃米尔·库埃[1]那句著名的"每一天，我的一切都在变得更好"重复一百万遍，如果

1　埃米尔·库埃（Émile Coué, 1857—1926），法国心理学家，"自我暗示"概念的提出者。

不向其中注入情感和信念，你也无法收获理想的果实。只有充分融合了感情或情绪的思维，才能被你的潜意识接受，并将之化为行动。

这一点至关重要，有必要在每一章都强调一遍，要知道，许多实践"自我暗示"原则却没能收获理想结果的人，大都是因为没能理解这一点。

没有感情色彩的平白语言无法影响潜意识，除非学会将思想送入潜意识层面，或以充满信心的带情绪的语言说话，否则绝难有所收获。

如果第一次尝试控制及运用感情失败了，不要气馁。要记得，天下没有白吃的午餐。触及并影响潜意识的能力同样有它的价码，你必须为之付出代价。这能力不能靠欺骗得来，无论你如何渴望也不行。影响潜意识的能力所开出的价码，就是你必须锲而不舍地坚持实践本书中提到的各个法则。你没有讨价还价的余地。你只能靠自己想清楚，你为之努力锻炼的"金钱意识"所能带来的回报，是否值得你付出这样的努力。

学识和"聪明"本身并不能吸引并留住金钱，或许有极少数特例，刚巧平均律奏效，凭借它们就能引来财富。本书中提供的吸引财富的方法并不基于平均律。更进一步说，我们的方法没有偏好，它可以有效地作用于一个人，也同样有效地作用于另一个。如果遭遇失败，失败的也是个体，而非方法本身。如果你尝试了，失败了，那就再努力一次，再来一次，直至成功。

在很大程度上，你运用自我暗示原理的能力取决于你的专注力，能否专注于既定的欲望，直到最终将它转变成"强烈的执念"。

如果你已经开始尝试将这些指南与第二章中的六步骤联系起来实践，那么，就很有必要学会使用"专注力"法则了。

　　在这里，请允许我们就如何有效利用专注力给出建议。当你开始六步骤的第一步时，指南告诉你要"在大脑中确定你期望的确切金钱数目"，控制你的思维，运用你的专注力（或者说，集中注意力），将它们锁定在金钱数额上，然后闭上眼睛，直到你能"真的看到了"这些金钱的模样。每天至少这样做一次。做这些练习时，记得要遵循"信念"章节中给出的指导，"看到"你真的"拥有这些钱"！

　　这中间蕴含着一个最重要的事实，即潜意识会接纳任何绝对"信念"送来的命令，并听命行事，只是这些命令常常需要一遍遍重复，才能被潜意识理解。由此看来，不妨对你的潜意识玩一点善意的"小花招"，让它相信，你一定会得到你"看到"的那些金钱，那些钱就在那里，只等你的召唤。这样，潜意识就必然行动起来，实现你的可行性计划，赚到"属于你"的金钱。前提条件是，你自己首先要相信。

　　把上面这一部分工作交给你的想象力，看看你的想象力能够如何——或者说，将会如何——转化你的欲望，创造出可行的致富之计。

　　不要等待所谓的"完善计划"，不要提前去盘算你打算用哪些具体的劳力与物力交换你看到的金钱，只要能"看到"你拥有它们，那就去做。与此同时，将规划的工作交给潜意识，耐心等待它拿出你所需要的计划。时刻留心，一旦计划出现，就立刻将它们付诸行动。它们往往会以"灵感"的形式，通过第六感，

"闪过"你的脑海。这种"灵感"可以看作是"无限智慧"直接拨通的电话或发送来的信息。认真对待它，收到就行动起来。如果做不到这一点，你的成功必将遭受致命的打击。

在六步骤的第四步中，你被建议应当"制订一套实现愿望的明确计划，并立刻将计划付诸实践"。遵循这一法则，依照我们在上一段讲述的方式行事。制订将欲望转化为财富的赚钱计划时，不要相信你的"理性"。你的理性是有缺陷的。甚至，你的理性可能是有惰性的，如果完全依赖它，你很可能会失望。

当你闭上眼睛，看到希望得到的金钱时，记得顺便看一看你愿意为了换得这笔钱提供怎样的劳力，交付哪些物品。这一点很重要！

操作指南概要

既然会翻开这本书，就说明你渴望知识，正在寻求它们。同时，也说明你在这个科目上还是一名学生。既然你只是学生，就有机会在此学到许多暂时未知的知识，但前提条件是，你秉持着谦逊的态度。如果你疏忽怠慢，只选择遵循其中的部分指引却拒绝其他，那么，等待你的必然是失败！要收获满意的成果，你必须以坚定的信念遵循所有指南。

在这里，我们将简单介绍与第二章的六个步骤相关的指南，其中包含了本章谈及的各项原理。详情如下：

第一，找一个不受打扰、更不会被打断的安静地方（最好是夜晚独自在床上），闭上眼睛，大声反复诵读（这样你才能听到自己说出的话）你写下的欲望声明——包括你想赚取的金钱数额、赚取的期限、你愿意为之付出的代价，详细到具体的人力与物力。与此同时，想象你已经拥有了这笔金钱。

举例来说，假设你希望在五年后的一月一日之前赚到五万美元，作为支付的代价，你愿意付出身为销售人员的个人能力。那么，你就应该写下一份类似这样的清单：

"在某某年一月一日之前，我将拥有我的五万美元资产，它将在这段时间内，以不同的数额分批分期为我所获得。

"为了赚得这笔金钱，我将尽我所能，全力以赴，以身为（在这里描述你所销售的产品或服务）销售人员的能力，提供最优质、最多数量的服务。

"我相信我能得到这笔财富。我的信念如此坚定，以至于我现在就能看到这笔钱在我眼前。我伸手就能摸到它。它随时静候我的召唤，我将分期分批交付我的服务，以换取其中相应的份额。我在期待一个能够赚到这笔钱的计划，一旦计划成型，我就听命而行。"

第二，每天早晚各一次，重复这个步骤，直到你能够（在想象中）看到你想赚来的这笔钱。

第三，抄写一份声明放在你每天早晚都能看到的地方，每天在睡觉前和起床后各朗读一遍，直到能够背诵。

请牢记，当你实践这些操作指南时，就是在运用"自我暗示"

要素向你的潜意识传达指令。同样请牢记，你的潜意识只接受带有情感色彩或被赋予了"情绪"的指令。"信念"是最强大也最具成效的感情。你应遵循"信念"一章的指引行事。

这些指南初看或许很抽象。别让它困扰你。只管照做，不管它一开始显得多么抽象，或是多么不切实际。只要全身心投入在行动中，很快，全新的能量宇宙就会在你面前展开。

对于一切新观念抱持怀疑态度是人类共有的本能。但只要跟从指南去做，你的怀疑很快就会被信心取代，而信心又会很快凝结成"绝对信念"。这时候，你就真的可以说，"我是我命运的主宰，我是我灵魂的统帅"了！

许多哲学家都说过，人类是自己现实命运的主宰。但他们几乎都没能说清楚理由何在。关于人为什么能成为自己现实状态的主宰，特别是经济状况的主宰，其缘由在本章得到了清晰的阐述。人之所以能成为自身及自身所处环境的主宰，是因为他有能力影响自己的潜意识，并借此得到来自"无限智慧"的协助。

你正在阅读的这一章，揭示的是这一哲学的基石。如果你希望成功地将欲望转化为金钱，就必须理解并坚持执行本章所提供的指南。

欲望转化为金钱的实际操作中包含了对"自我暗示"要素的运用，它是你赖以触及并影响潜意识的媒介。其他要素都只是为实现"自我暗示"而提供的工具。牢牢将这一点记在心里，这样，当你运用本书讲述的方法努力积累财富时，就会发现，"自我暗示"要素在其中占据着多么重的分量。

执行这些指南，就当你自己还是个孩子一般。在你的努力中注入孩子般纯粹的信念。我已经万分谨慎地剔除了所有不切实际的指南，因为我真心希望能够提供帮助。

等你读完全书后，记得回到这一章，全心全意、身体力行地执行下面这一条指引：

每天晚上大声朗读一遍本章，直到你坚信，自我暗示原理是有益的，它能够达成你所有的愿望。朗读时，用笔勾出让你有所触动的句子。

不折不扣地执行以上这一条，它将为你开辟道路，引导你全面理解并掌握成功之道。

5 | 专业知识
SPECIALIZED KNOWLEDGE

积累经验，善加观察
通往财富宝藏的第四级台阶

　　知识分两种，一种是通识，另一种是专业知识。通识，无论有多浩大，种类多么繁多，在积累财富方面都少有用处。总体而言，优秀高等学府的院系专业基本上囊括了已知文明的方方面面。然而，大学教授们却通常没什么钱。他们擅长传授知识，却不擅长有意识地组织、利用知识。

　　知识不能带来金钱，除非它被有意识地加以组织，并应用到以积累财富为明确目标的可行性实践计划中。正因为缺乏对这一事实的认知，才有成百上千万的人会误信"知识就是力量"。事实并非如此！知识只是潜藏的力量。只有当它被有效地编入明确的实践计划、指向明确的目标时，知识才会成为力量。

　　当今已知文明的所有教育体系中都缺失了这一环，教育机构很少能教会他们的学生"如何在学到知识后对其加以组织利用"的，由此便可见一斑。

　　许多人误会亨利·福特是个没受过"教育"的人，理由是他没怎么"上过学"。这些人既不了解亨利·福特，也不理解"教育"一词的真正含义。这个词来源于拉丁文的"educo"，意思是：由内而外的生成、演绎和成长。

一个受过良好教育的人未必需要懂得许多通识，也不需要掌握大量专业知识。所谓"受过教育的人"，应该是心智大脑健全，有能力在不伤害他人权利的前提下满足个人所求的人。亨利·福特完全符合这个定义。

世界大战[1]期间，一份芝加哥报纸发表社论，称亨利·福特为"无知的和平主义者"，这样的文章不止一篇。福特先生对这些文章提出抗议，将报社告上了法庭。开庭时，报社的辩护律师辩称报社并无过失，为了证明福特先生的确"无知"，更是将他本人召唤到了证人席。律师向福特先生提出五花八门的问题，所有问题都是为了利用福特先生本人的表现证明：除了拥有丰富的汽车制造业相关的专业知识外，总体而言，他的确是无知的。

堆在福特先生面前的问题有这些：

"本尼迪克特·阿诺德是谁？"

"1176年英国派出了多少军队到美国镇压反抗？"

福特先生是这样回答的："我不知道英国派遣军队的确切数字，但我听说，最后回家的人比出去的少得多。"

最后，福特先生开始厌烦这些没完没了的问题了，当又一个格外具有挑衅意味的问题被扔出来时，他俯身向前，伸出一根手指指着提问的律师，说："且不论我是否真的愿意回答你刚才提

1　此处指第一次世界大战。

出的那些愚蠢问题，或者任何你正打算提出的其他问题，请容我提醒你，考虑到我几乎把所有精力都投入了我的工作中，因此，在我的办公桌上有一排按钮，只要按下按钮，我就能召唤相应的智囊团人员，得到任何我想要的答案。那么现在，你能否赏脸告诉我，既然身边有人能随时提供我需要的一切知识，我为什么还要让这些所谓的常识来扰乱我的头脑呢？难道只是为了回答问题吗？"

显然，这个回击很合乎逻辑。

这个答案击败了律师。法庭上的每一个人都意识到，能够作出这种回答的人绝不是无知的愚人，而是一位受过"教育"的人。所谓"受过教育的人"，就是知道能在哪里找到他需要的知识，并懂得该如何将其应用到明确的行动计划中。借助"智囊团"的辅助，亨利·福特随时能够根据需要调用各种专业知识，并凭借这一点成为全美国最富有的人之一。那些知识是否存在于他自己的脑海中并不重要。显然，任何一位具备足够判断力和智力的读者在阅读本书时，都不可能忽视这一指引的重要性。

当你还不确定自己是否有能力将欲望转化为相应的金钱实物时，可能会追求各种有关工作、商务或职业的"专业知识"，希望以此换得命运的回报。也许你还需要更多的专业知识来体现你的能力，加大收获成功的砝码。如果真是如此，或许你也可以求助于你自己的"智囊团"，取长补短。

安德鲁·卡耐基承认，他个人对于钢铁业的技术层面一无所知，甚至也不见得多想了解这些知识。他关注的是行业和市场，至于其中需要用到的专业知识，他完全可以通过他的个人智囊团获取。

大量财富的累积依靠的是力量，而"力量"在于对专业知识有目的、有组织且明智地运用，至于知识本身，倒未必需要掌握在累积财富的人手中。

以上内容应当能够帮助一些拥有致富野心却担心自己没受过必要"教育"而缺乏相关专业知识的人，给予他们希望，让他们鼓起勇气。有的人会一辈子受困于"自卑情结"，认为自己不是"受过教育"的人。"智囊团"成员拥有能够帮助实现财富积累的专业知识，那么，能够调用、指挥他们的人在教育水平上就绝不会逊色于其中任何一人。如果你因为没上过多少学而感到自卑的话，记住这一点。

爱迪生一生只上过三个月的学。他并不缺乏"教育"，也没有贫困一生。

亨利·福特连六年级都没读到，可至少在经济上看来，他的人生很成功。

"专业知识"大概是最常见、最廉价的诸多服务之一！不信的话，随便找所大学，看看员工薪资单吧。

学会如何购买知识是值得的

第一步，是要判断你需要哪一类专业知识，确定获取知识的目的。通常，你的主要人生目标，或者说你为之努力的目标，能够在很大程度上决定你所需要的知识类型。这个问题解决后，你下一步要做的，就是找到准确可靠的信息与知识来源。其中较重要的来源包括：

a.　个人生活和教育经历

b.　合作者的生活和教育经历（智库）

c.　专业类学院和综合大学

d.　公共图书馆（图书和期刊基本囊括了各种文明、文化的知识）

e.　专业技能训练课程（特别是夜校和自学教育机构）

得到知识后，你还需要梳理组织它，赋予其明确的目的性，借助可行性计划将其投入实际应用。若知识不能在实际应用中创造收益，则毫无价值。这就是大学学位并不太值钱的原因之一。除了一堆杂七杂八的知识，它们不能代表任何价值。

如果打算继续深造，首先应当确定你想寻找哪类知识、目的是什么，然后通过可靠的资源获取相应类别的知识。

各行各业的成功人士都在不断学习其专业、职业和主要业务领域的知识。他们避免了许多人都会犯的错误——误以为毕业就意味着学习的结束。事实上，学校做的只是将人引上学习的道路，教会人们如何获取其所需的特定知识，仅此而已。

随着大萧条结束，新世界到来，教育的需求也发生了惊人的转变。当今社会的秩序立足于"专业化"！哥伦比亚大学的罗伯特·P.摩尔早已强调了这一事实：

最抢手的专业人才

最受雇主青睐的是下列专业的商学院毕业生：财务会计、各类工程师、新闻记者、建筑师、药剂师以及活动丰富、具备领导力的高年级毕业生。

校园里的活跃人物通常具备能够和各色人等打成一片的素质，并且学有余力，这就决定了他们比仅仅专注学习的学生更具优势。其中某些人，凭借全面的个人素质，手握好几个职位可供挑选，最多的甚至能拿到六个之多。

摩尔先生说，人们通常以为"全A生"总能得到更好的工作机会，事实不然，用人单位并不只看成绩单，还看重学生的个性和活动能力。

曾有一家行业巨头在给摩尔先生的信中阐述他们挑选毕业生的要求，说：

"我们首先感兴趣的，是寻找能够在管理工作上有超常发展空间的人。因此我们更关注学生的品质、头脑和个性，而非具体的学业情况。"

实习计划

摩尔先生提出了一个"实习计划"项目，要求在校生利用暑假进入办公室、商店、工业企业等实习。他认为，所有学生都应该在大学二年级或三年级结束时接受调查，"选择一个明确的未来职业方向，如果只是满足于盲目接受学校提供的课程，泛泛而学，那么，他的学习进程就应该被叫停"。

"高等院校必须面对一个现实的考虑——如今各行各业、各个岗位都要求专业化的人才。"他如是说，并积极推动教育机构更加直接地承担起职业指导的责任。对于需要接受专业知识培训的人来说，可信赖且可行的学习渠道很多，其中之一就是夜校，这在大多数大城市里都能找到。而远程教育学校则能将全学科的专业教育课程送至一切美国邮政所及之处。在家自学的一大好处是课程安排的自由性，你可以利用空余时间学习。此外，它还有一个非常大的优势（如果你谨慎选择了学校的话），那就是，远程教育学院的大多数课程通常都提供慷慨的免费咨询，对于需要学习专业知识的人来说，这项特权堪称无价之宝。无论住在哪里，你都能享受这些便利。

任何不需要付出努力与代价就能得到的东西通常都不值得欣赏，甚至常常是不足为信的。也许这就能够解释，为什么我们在公立学校里很少能找到好机会。人们在明确而有计划地学习专业知识过程中学到的"自律"，能够在一定程度上补偿免费学习中浪费掉的机会。远程教育学院是高度有序的商业机构。它们的学费很低廉，以至于不得不要求即时付款。作为学生，一旦被要求付款，无论本身程度是好是坏，多少都会产生一些激励作用，帮助他在"放弃"的念头出现时选择继续坚持。远程教育机构不太强调这一点，事实上，它们的收费系统本身就是一门设计非常精细的课程，可以训练学生的决断力、效率、行动力，帮助他们养成有始有终的习惯。

我早在二十五年以前就亲身体验过这一点。当时我报名了一项广告专业的远程教育课程。大概八节还是十节课过后，我没再继续学下去，可学校还是照样给我寄账单。而且，不管我是否继续学习，它都要求我继续付费。最后，我决定了，既然无论如何都得付费（否则将为此承担法律责任），那我还是完成所有课程比较好，免得白白浪费我的钱。那时我只觉得，这学校的收费系统设计得也太好了。可直到后来，我才真正认识到，它才是我的学习中最有价值的部分，可它却没有额外收费。因为被迫付费，我坚持完成了全部课程。在后来的人生中，我才意识到，那所学校那套颇有成效的收费系统其实价值不菲——为了它，我不得不学完了自己深恶痛绝的广告课程。

我们这个国家拥有据说全世界最好的公共学校体系。我们花钱建造了无数好建筑，我们为居住在乡村郊外的孩子提供了便利的交通，以便他们能够到最好的学校上学。但这套了不起的体系有个巨大的弱点——它是免费的！人类很奇怪，其中一点就在于我们只看重有价的东西。美国的免费学校和免费公共图书馆不被人们重视，就是因为它们是免费的。这也是许多人发现离开学校开始工作后还有必要接受额外培训的主要原因。同样，这也是雇主看重雇员接受远程教育经历的主要原因之一。经验告诉他们，一个人如果愿意拿出自己的业余时间在家自学，则必定具备成为领导者的素质。这种认可可不是什么慈善的姿态，作为雇佣方，这是出色的商业判断。

人类的弱点中，有一个是不可补救的。那是个普遍的弱点，即"缺乏野心"！愿意拿出个人休闲时间，特别是已经工作了还愿意拿出时间来在家自学的人，很少会在底层停留太久。他们靠自己的行动打开向上的通道，挪走挡在路上的障碍，赢得有能力给予他们机会的人的关注。

在家自学这种方式尤其适合这样一类人：他们离开了学校，却发现自己还需要获取额外的专业知识，却又没有时间重返校园深造。

自从大萧条开始，经济环境就改变了，千万人不得不寻找额外的甚至全新的收入来源。对于大多数人来说，问题的解决方案或许只有一个，就是学习专业知识。还有许多人被迫彻底转变职业。商人如果发现某一类产品滞销，惯常的做法就将它们替换成其他有需求的商品。而一个人在现有的职业岗位上所提供的服务若不能带来充足的回报，自然也就必须改变方向，转投机会更多的行业。

斯图尔特·奥斯汀·威尔原本计划成为一名建筑设计师，工作后也的确一直从事这一行业，直到大萧条开始，市场再也无法提供令他满意的收入。他决定转行法律业。于是，他拿出存款，回到学校，选择就读商业律师方向的专业课程。虽然大萧条一直没结束，他依然完成了学习，通过了律师资格考试，很快在得克萨斯州的达拉斯开启了他收入颇丰的律师事业——事实上，他甚至不得不把很多客户拒之门外。

有人也许还要追究这个故事的真实性，也有人可能会找借口说"我得养家，没法去上学"或"我年纪太大了"，对于他们，我在此提供一个细节：威尔先生重返校园时已经四十多岁，并且组建了家庭。除此之外，他只花了两年时间就学完了这门具有高度专业性的课业，而非通常法律系学生需要的四年。懂得如何买到知识是值得的！

仅仅因为离开了学校就停止学习的人永远只能无望地困守平庸，无论他的职业是什么。所谓"成功之路"，便是不断求索知识之路。

让我们来看一个特殊的例子。

大萧条期间，一名杂货店售货员失去了工作。他有一些记账的经验，于是又读了一门会计课程，掌握了最新的记账工具和办公设备。凭借着这些知识技能，终于，他开始了属于自己的事业。最初，他以极低廉的费用为自己曾经工作过的店铺提供记账服务，渐渐发展到拥有上百家小商户主顾。生意蒸蒸日上，他很快发现有必要把一辆轻型送货车改装成移动办公室，他在这个"办公室"里装上了最新的记账设备。到今天，这位曾经的售货员已经拥有了一支车队，全都是这种"轮子上"的记账办公室，他雇用了大量助手，以低廉的价格为小型商户提供同等价位里最优秀的会计服务。

专业知识加上想象力，就是这个独特而成功的商业模式得以孕育滋生的土壤。去年，作为这项业务的主人，单单是他个人缴纳的税款就差不多比得上失业前工资的十倍了。大萧条让他失去工作，生活陷入危机，可危机原来也可以是天赐良机。

这项成功业务始于一个"点子"！

因为我曾有幸为这位前失业售货员提供了那个"点子"，现在便也有幸了解到另一个"点子"，可以在这里写出来。这后一个"点子"可能带来更多收入，也可能为千万急需帮助的人提供有效的服务。

这个故事是那位失去原职后转投大规模专业记账业务的售货员提供的。当初，一听到那个失业问题的解决方案，他便立刻大喊："我喜欢这个点子，可我不知道怎么做才能用它赚到钱。"换句话说，他苦恼的是，他不知道怎样在学会财会知识后将这一技能销售出去。

因此，我们就有了下一个需要解决的问题。一位年轻女士伸出了援手，她是一名打字员，擅长手绘，她将整个构思整合成了一本非常有吸引力的册子，讲述全新记账系统的优势。所有页面被整整齐齐打印出来，贴在一本普通的剪贴簿里。这本剪贴簿就像个沉默却无比高效的推销员，清楚讲述了整套新业务的故事，结果就是，它的主人很快得到了应接不暇的生意订单。

全国有成千上万人都需要这样的服务，好将他们所拥有的个人技能以简明而诱人的方式描绘出来推销给别人。这样一项服务能赚到的常规年收入很可能轻松超越现有最大的职业介绍所，而就买方而言，这项服务的好处甚至可能远远大于职业介绍所。

这个想法是为了解决一个迫在眉睫的危机而诞生的，可它并未止步于帮助一个人。想出这个点子的女士拥有敏锐的想象力。她看到了自己这个全新"点子"的前景，发现它有望成为一个新的职业，注定能够为成千上万需要求职指导的人提供有价值的服务，帮助他们推销个人拥有的技能。

受到第一份"个人定制自荐计划"迅速获得成功的激励，这位精力充沛的女士立刻为自己的儿子设计了一份类似的解决方案。她的儿子刚刚大学毕业，完全不知道该如何去找到一份好工作。她为儿子做出的成品，是我见过的最出色的个人简历。

当简历最终完成时，足足将近五十页内容无不版面整洁、条理清晰——列明了她儿子的天赋、求学经历、个人经验以及许多额外的附加信息。此外，简历里还详细描述了她儿子希望得到的职位，并以漂亮的语言讲述了男孩计划应用在工作岗位上的具体计划。

这份简历花费了她几个星期的时间。其间，她几乎每天都让儿子到公共图书馆查询与求职有关的信息数据。她还让儿子走访他"未来雇主"的所有竞争对手，搜集他们业务模式方面的重要信息，这些信息对于制订他未来的工作计划非常有价值。最终成型的计划中包含了至少六个对于"未来雇主"非常有用且有益的出色建议（这些建议后来果然被那家公司采纳了）。

有人也许会问："为什么要费这么大劲儿死盯着一份工作不放？"答案很直接，也很有戏剧性，因为它直指一个可悲的事实——大部分男女都只能依靠个人技能换取收入。

答案就是：精益求精永远不会是坏事！这位女士为儿子做的方案，帮助他在第一轮面试里就赢得了想要的工作，而且薪水任他开。

此外还有一点也很重要：这份工作无须这位年轻人从底层做起。他直接从初级主管起步，领取主管级的薪水。

"为什么要费这么大劲儿？"你说呢？

首先，这位年轻人极具针对性的求职简历为他省去了可能长达十年以上的艰苦奋斗，若非如此，他多半都得"从底层做起，辛勤工作，争取升职"。

"从底层做起，辛勤工作，争取升职"，这个规划听来很好，可其中最大的问题在于：大部分从底层做起的人从来不懂得要努力抬起头，让机遇看见自己，因此，他们往往永远都只能停留在底层。此外，还要记住的是，底层的视野是很难看到多少光明和令人鼓舞之处的。这一点很容易将人的抱负抹杀。我们称之为"习以为常"，也就是说，我们会因为习惯了日常生活的轨迹而接受命运安排，这种习惯的力量会越来越强大，很难被摆脱。争取略高的起点为何如此重要，这也是一大理由。站在较高的起点上，人会习惯于常常放眼四望，观察其他人是如何领先的，从而发现机遇，并毫不犹豫地拥抱机遇。

　　说到这一点，丹·哈尔平就是个绝佳的例证。大学期间，他是圣母大学橄榄球队的经理，那是著名的1930年全国冠军球队，当时的教练是已故的克努特·洛克尼。

　　伟大的工业领路人卡耐基总是鼓励他年轻的助手们为自己设置更高的目标，同样，那位伟大的橄榄球教练也永远志存高远，从不将一时的挫折看作失败。年轻的哈尔平或许也受到了教练的激励。不管怎么说，他毕业的时机很不好，正是大萧条时期，几乎没有工作机会，因此，在向投资银行和电影公司投递了一圈简历后，他得到了当时能够找到的第一个起步机会：推销助听器，赚取佣金。这是一份人人都能做的工作，哈尔平很清楚这一点，但对于他来说，这已经足够打开机会的大门了。

　　将近两年的时间里，他一直在做这样一份自己并不喜欢的工作，如果不采取行动的话，他永远也无法改变这种令人不满的状态。首先，他瞄准了自己公司助理销售经理的职位，并且得到了这份工作。这一步提升，让他站到了大多数人之上，能够开始寻找更好的机会，同时，也让他站到了有可能被机会看到的位置上。

哈尔平在助听器销售业务上成绩斐然，甚至引起了竞争对手侦听设备公司董事会主席 A.M. 安德鲁斯的关注，他想知道这位丹·哈尔平先生是如何从自家这个历史悠久的侦听设备公司手上抢走大量订单的。于是，他向哈尔平发出邀请。到这一次面谈结束时，哈尔平已经是新公司的销售经理了，主管助听器业务部。

接下来，为了测试年轻的哈尔平的水平，安德鲁斯先生到佛罗里达待了三个月，扔下这位新任销售经理处理业务，成败全靠他自己。他没有失败！克努特·洛克尼的精神激励着他，"全世界都爱胜利者，没时间分给失败者"，他全力以赴投入工作，最近刚刚成功竞选公司副总裁，兼任助听器和无声广电事业部总经理。对于任何人来说，若能在十年里通过不懈的努力获得这一成就，那都是值得骄傲的事情。哈尔平只花了六个月。

很难说安德鲁斯先生和哈尔平先生哪一位更值得赞扬，因为他们俩都充分展现了各自非凡的品质，即想象力。安德鲁斯先生胜在眼光，他看出了年轻的哈尔平是一员堪当大任的"猛将"。哈尔平胜在不妥协，不肯接受生活的安排，不安于自己不喜欢的工作。这一点正是我希望在整套人生哲学的叙述中强调的一大重点：我们究竟是升上高位还是困于底层，完全取决于我们所能掌控的条件，以及我们是否有欲望去掌控它们。

此外，我还想强调另一点，也就是，成功与失败在很大程度上都是习惯的结果！我毫不怀疑，正是因为与那位美国有史以来最伟大的橄榄球教练关系密切，丹·哈尔平的脑海里才会种下追求超越的"欲望"种子——就是这种"欲望"，曾让圣母大学橄榄球队的名字传遍世界。的确，英雄崇拜在其中也有一定的帮助，前提是被崇拜者是"胜利者"。哈尔平曾跟我谈起洛克尼，称他是世界人类文明史上最伟大的领导者之一。

我坚信合作伙伴是成败的重要因素，最近也刚刚实践了这一信念。当时，我的儿子布莱尔正就一个职位与丹·哈尔平谈判。哈尔平先生提供的基本薪资只有其对手公司所提供的一半。我动用家长的权威，说服儿子接受了哈尔平先生提供的职位。因为我相信，与一位拒不妥协于不利环境的人建立密切往来，是金钱所无法衡量的财富。

对于任何人来说，底层都是单调、沉闷、乏善可陈的地方。因此，我才会花这么多时间来讲如何通过适当的规划避开低起点。同样也是这个原因，我才会花了这么多的篇幅来描述这个由一名女士发现的全新职业。至于引出这项有关"计划"的出色工作的灵感，只是来源于她希望帮助儿子争取到一个好"机遇"的心愿。

全球范围的经济崩溃改变了环境，随之而来的，是对于如何更新、更好地实现个人服务营销的需求。至于此前为什么没有人发现这个强劲的市场需求，没有人看到针对个人提供服务而产生的资金流动比任何其他领域都大的事实，答案已很难探究。要知道，每月支付到工薪族手中的薪资报酬总量可高达上亿，年流量可达十亿数量级。

从我们在这里简单讲的"点子"中，或许有人能发现他所渴望的财富的秘密！不起眼的小"点子"常常是能够孕育巨大财富的籽苗。就像伍尔沃思[1]的"五分十分"店，想法并无惊艳之处，却为它的创造者带来了源源不断的财富。

如果有人能看到暗藏在这条建议中的机会，他就一定能够在"有序的计划"一章找到有用的帮助。顺便提一下，只要还有人希望凭借个人专长寻找更好的工作机会，那么，一名精于提供"人力资源服务"的商人就能找到更大的市场来扩张业务。参照智囊团模式，只需要有几名各具专长的人联手，业务很快就能展开。这种业务需要一名具有广告推销天赋的文案写手，一名擅长打字和手绘的排版设计人员，一名能够让全世界都认识到这项服务的一流业务员。如果有人能集众长于一身，那就可以独立经营，直到业务量超过个人承受力为止。

那位为儿子准备了"个人能力推销方案"的女士如今接到了来自全国各地的订单，客户都是希望能将个人专长卖出更好价钱的人，他们需要她协助做出类似的方案。她建立了一个团队，包括专业的打字员、设计师、文案，确保能够有效梳理个案，帮助客户赢得超出市场平均水平的薪资报酬。她对自己的能力信心十足，甚至同意以客户所获薪资的提成取代大部分的固定收费。

千万不要以为她的工作只是凭借精明老练的销售伎俩，帮助人们争取到高于其此前支付同等劳力所获得的报酬。她了解求职

1　弗兰克·W. 伍尔沃思（F. W. Woolworth, 1852—1919），美国企业家，伍尔沃思公司创始人，此外还经营大量被称为"五分十分店"（Five-and-Dimes）或"十分店"的杂货商店，现在旗下拥有一系列超市品牌。他也是首先尝试直采产品、固定售价且使用开放自助式货架经营的创新者。

者的要求，也关注雇主的需求，并以此为依据准备她的服务方案，以确保雇主付出的每一分钱都物有所值。实现这样惊人成果的具体方法是她的职业秘密，只会提供给她的客户。

如果你拥有想象力，也希望找到更能实现自我价值的地方，以下建议或许可以对你有所帮助。"点子"能够带来的收入，很可能远远高出接受过数年高等教育的"普通"医生、律师或工程师的所得。在有意寻求新的职位（事实上，所有职位都需要管理或经营能力）和希望调整现有职位收入的人群中，"点子"永远供不应求。

好"点子"是无价的！

所有"点子"的背后都少不了专业知识的支撑。不幸的是，对于没能赚到大量财富的人来说，专业知识本身比"点子"所能带来的收益更丰厚，钱也来得更容易。出于这一事实真相，对于有能力帮助他人更好地"卖掉个人专长"的人，市场存在广泛的需求，而且这样的需求还在不断增长。能力意味着想象力，这是能将"专业知识"转化成"点子"的必备素质，此后，才能通过"有序的计划"产出财富。

如果你拥有想象力，那么，这一章所展示的内容或许已经足够帮助你站上起点，开启你对财富的追求之路。记住，"点子"是最重要的部分。专业知识并不难得——甚至随处可得！

6 | 想象力
IMAGINATION

大脑的工作坊
通往财富宝藏的第五级台阶

毫不夸张地说，想象力就是人类打造一切计划的工作坊。冲动和欲望是原材料，在想象力的帮助下被塑造成型，投入实践。

有人说，只要想得到，就能做得到。

古往今来，文明发展更迭，眼前正该是想象力大展拳脚的时候，因为这是个瞬息万变的时代。刺激无处不在，随时可能激发想象力，人人都有机会。

过去五十年来，借助想象力的作用，人们已经发现并驯服了诸多自然力量，远超此前整个人类文明史之和。人类征服了空气，现在鸟儿都无法在飞行上与我们相媲美。人类利用了以太，让它成为连接世界各地的即时通信介质。人类分析、权衡了远在千百万英里外的太阳，借由想象力的帮助，判定了它的元素组成。人类发现了我们的大脑既是思维律动的发射器，也是它们的接收站，而且已经开始学习如何在实践中运用这一发现。人类提升了移动速度，现在已经能以超过每小时三百英里的速度旅行。

在纽约吃早餐，在旧金山享用午餐，这样的时代很快就会到来。

理性范围内，人类唯一的局限就在于对想象力的发展和运用。在这一点上，人类还远远未曾攀上运用想象力的巅峰。人类只是刚刚发现原来自己拥有想象力，只是刚刚开始探索对想象力的运用。

想象力的两种类型

按照功能，想象力可以分为两种类型：一种名为"综合型想象力"，另一种是"创造性想象力"。

所谓"综合型想象力"，就是通过这种能力，一个人可以将旧有的观念、概念、计划等全新组合。这种能力什么也没有创造，只是将过往的经验、接受过的教育以及观察所得等素材加工一番。这是发明家们最常使用的能力，只有当他们无法利用综合型想象力解决问题时，才会拿出创造性想象力。

所谓"创造性想象力"，则是借助创造性的想象能力，将有限的人类大脑与无限智慧直接连通。这是一种通过"预感""灵感"等形式表现的能力。一切根本的或全新的概念，都是经由这种能力而为人类所知的。

正是通过这种能力，思维的律动得以在人与人之间传递。也正是通过这种能力，一个人有可能"接通"其他人的潜意识，甚至与之沟通交流。

创造性想象力会自动运转，具体方式我们会在后续章节探讨。然而，这种能力只有在显意识以高频率运转时才可能被激发，比如，当显意识受到类似强烈欲望等情感刺激时。

创造力对来自上述情况的思维律动更敏锐，也更容易接受，它的敏锐度、接受度与实际运用能力的发展成正比。这一点很重要！好好想想这一点，再继续往下读。

依照这些指南行事时，要记得，从欲望到金钱的转化过程并非三两句话就能够说清楚的。只有当所有要素被掌握、吸收，并且开始应用于实践中，整个过程才能够完整。

伟大的工业、商业、金融业领袖，伟大的艺术家、音乐家、诗人、作家，他们的伟大就是因为发展了这种创造性的想象力。

综合型想象力和创造性想象力都是越用越敏锐的，就像肌肉和身体器官越锻炼越强健一样。

"欲望"只是一种思维、一种冲动。它含混而短暂，除非转化为现实中的对应实物，否则就是抽象的、毫无意义。虽然在将欲望的冲动转化为金钱的过程中，综合型想象力最常被用到，但你必须牢记一个事实，那就是在某些情况下，你很可能还必须调动你的创造性想象力。

如果不用，你的想象力很可能退化衰弱。而通过使用，它能够复苏，变得敏锐。这种能力不会消失，只是可能因为缺乏锻炼而陷入沉睡。

眼下，不妨先集中精力锻炼你的综合型想象力，毕竟，它才是在欲望向金钱的转化过程中最常被用到的能力。

将欲望这种无形的冲动转化为金钱这一有形的实体，过程中需要借助一套甚至多套实践计划。这些计划必须在想象力的作用下才能成型，其中最重要的就是综合思维能力。

等你通读完本书以后，记得回到本章，立刻开始动用你的想象力，制订一份或者多份计划，尝试将你的欲望转化为金钱。制订计划的具体操作方法几乎在每一章都有提及。找出最符合你需求的方法开始执行，将你的计划写下来——如果你还没有做这一步的话。完成这一步，你就成功为无形的欲望塑造出了实实在在的形体。再把以上句子读一遍。大声读出来，慢慢读，要非常慢，同时牢记，当你准确描述出欲望，认识它，并为之写下计划，你就已经迈出了扎扎实实的第一步，随着后续的每一步走下去，你终将实现所想，将思维变成它在现实中所对应的实物。

你所生活的地球、你自身以及所有其他物质都是进化演变的结果，经由演变过程，微小的物质被有序地组织起来，并排列组合。

不仅如此，更重要的是，这个地球，你身体里数以十亿计的细胞中的每一员，都来自无形的能量。

欲望是思想的冲动！思想的冲动是能量的表现形式。当你产生赚钱的思想冲动，这就是欲望，你便已经选好了行动的"素材"。大自然曾经利用同样的"素材"创造出我们生存的这个地球，创造出宇宙中的一切物质形态，包括具备思维冲动能力的身躯与头脑。

就科学论断而言，整个宇宙都是由两种元素构成的——物质与能量。

大到宇宙中巨大的星体，小到人体自身，人类能够感知到的万事万物都是物质与能量的产物。

现在，你要做的是努力学习自然法则，从中获益。在将欲望转化为相应的物质或金钱的过程中，你其实是在（我们希望你是诚恳、诚挚地）努力自我调整，以顺应自然法则。你能够做到！有人曾经做到过！

借助永恒不变的法则，你能够创造财富。然而，首先，你必须非常熟悉这些法则，并学会使用它们。我一再重复，从各个角度阐述这些原则，希望能够为你揭示每一笔巨额财富得以创造累积的秘密。说来奇怪，看来矛盾，这个"秘密"并非秘密。大自然亲自将它公之于众，在我们生活的这个地球上，在群星中，在永远高悬于我们视野中的星球上，在我们身边和头顶的一切元素中，在每一片草叶里，在人类所能见到的每一种生命形态中。

自然以生物的语言讲述这个"秘密"，实现小小细胞的转换，它们是如此微小，针尖就能将它们毁灭，可也正是它们，组成了此刻正在阅读这些文字的一个又一个人。那么欲望到实物的转化过程当然也不会更出奇！

如果你一时还无法完全理解我们谈论的这些内容，不必气馁。除非你早就师从心灵，否则不可能指望简单看一遍就把这一章的内容全部消化。

但随着时间的推移，你终究能有所进展。

接下来谈到的原理，将能够为你打开理解想象力的大门。在你第一次读到这套哲学时，能理解多少且先吸收多少，这样，等到你再次阅读、研究时，就会发现，有什么东西刚好将它厘清，让你对整个理论有了更广、更深的理解。最重要的是，不要止步不前，也不要在学习的过程中犹豫迟疑，至少把整本书通读三遍，到那时，你自然就停不下来了。

如何运用想象力

"点子"是一切财富的起点。"点子"是想象力的产物。且让我们探讨几个创造了巨大财富的著名"点子"，希望这些例证能够明确说明，在财富积累的过程中，想象力是如何发挥作用的。

魔法药罐

五十年前，一名年老的乡村医生驾车来到城里，拴好他的马，悄悄从后面溜进一家药房，开始和年轻药房伙计"谈生意"。

他的这一举动注定要为许多人带来数不尽的财富，注定要为整个美国南方带来自南北战争以来泽被最广的好处。

老医生和小伙计躲在处方柜台后面小声谈了一个多小时。然后，老医生转身出门。他回到马车边，拎出一个老式大药罐子和一个大木铲（用来搅拌罐子里的东西），拿进了药店后门。

小伙计检查过药罐后，从里衫口袋里掏出一卷钞票，递给医生。这卷钞票不多不少，刚好是五百美元，是小伙计全部的积蓄！

医生递给他一张纸，上面写着一个秘方。这张小纸片上的内容价值连城！但对医生来说并非如此！没有这些具有魔力的字句，药罐也就毫无用处。可无论医生还是小伙计在这时都还不知道，从那罐子里将流出多么惊人的财富。

老医生很高兴这套东西能卖出五百美元。这笔钱能够还清他的负债，解除他精神的重负。伙计押上毕生积蓄换回一张纸片和一个老药罐子，迎来了一场大机遇！他做梦也没有想过，这笔投资能让一个药罐子里流淌出无数金子，比阿拉丁神灯更加神奇。

这个伙计购买的其实是一个"点子"！老药罐、木铲和写在纸上的秘密配方只是额外的东西。药罐的奇迹始于新主人的新秘方，他在原本的配方里加入了一味老医生所不曾知晓的原料。

仔细阅读这个故事，试着发挥一下你的想象力！看看你能不能猜得出这位年轻人究竟往秘方里加了什么，才让这老药罐里生出了金子。要记得，这可不是《一千零一夜》里的故事。你现在读到的是一个真实的故事，是又一个"点子"开启的事实，却比传说故事更加神奇。

还是让我们先看看这个点子创造出了多么巨大的财富吧。它养活了全世界难以计数的男女，他们将那药罐里的产物带给千百万人，换取丰厚的收入。

那"老药罐"如今是全球最大的蔗糖用户之一，为很多人提供了稳定的工作岗位，有种植甘蔗的、炼糖的、销售的。

"老药罐"每年要购买上百万个玻璃瓶子，为大量玻璃工人提供了工作机会。

"老药罐"雇用了一支包括办事员、速记员、文案、广告宣传等专业人员在内的大型团队，人员遍布全国。它还为许多设计师带来了名望与收入，因为他们创作出美妙的画面来表现这个产品。

"老药罐"把一个南方小城变成了整个南方的经济之都，如今直接或间接地影响着这座城市里的各行各业和每一个居民。

这个"点子"现在惠及全世界所有文明国度，向所有接触到它的人输送出源源不断的"金子"。

药罐里流出的金子造就并维护着南方最优秀的大学之一，成千上万的年轻人在这里接受关于成功要义的训练。

"老药罐"还做了许多了不起的事。整个大萧条期间，大量工厂、银行、商业机构纷纷关门倒闭，"魔法药罐"的主人却依旧继续前进，为世界各地的人提供了大量稳定的工作岗位，让早早就对它抱有信心的人们分得了额外的"金子"。

如果那个老黄铜药罐子里的产品会说话，它们必定能用世界上所有的语言讲述无数激动人心的浪漫传说。爱情的浪漫故事，商场的传奇故事，日日夜夜与它相伴的职场男女的奇妙故事。

我敢说，至少会有一个这样的浪漫故事，因为我本人就是当事人，而故事发生的地方，就在当初那个药房小伙计买下老药罐子的不远处。在那里，我认识了我的妻子，这个"魔法药罐子"的故事还是她告诉我的。当我请求她"无论如何"也要接受自己时，我们喝的正是"老药罐"出产的饮品。

现在，你知道了那个"魔法药罐子"的产物是一种全球知名的饮料，即便我承认自己的妻子来自它的发源地也并无不妥，就连我本身也常常因它而得到灵感却无须醺醺沉醉，也就是说，它能够提神醒脑，而这正是一名写作者写出好作品所必需的。

无论你是谁，无论是身在何处、从事什么工作，从今往后，只要看到"可口可乐"这个词，都不要忘了，这个财富与影响力的庞大帝国最初也只是起源于一个小小的"点子"，而那个药房伙计——艾萨·坎德勒[1]——在秘方里添加的那一味原料正是想象力！

且让我们暂停一下，想一想。

也别忘了，我们在本书中探讨的十三大连接财富宝藏的要素，也正是可口可乐借以扩展到全世界每个城市、小镇、乡村和公路边的方法，如果你想出的任何"点子"能有"可口可乐"一样好，一样有价值，就有机会复制这个闻名世界的"口渴杀手"的辉煌成就。

没错，思想就是财富，它们能够通行全世界。

如果拥有一百万，我要做什么？

下面这个故事证明了一句老话："有志者事竟成。"跟我讲这个故事的还是那位受人敬重的教育家、牧师，已故的弗兰克·维克利·冈索勒斯。他的传教事业始于芝加哥南部的畜牧区。

大学期间，冈索勒斯博士观察到，我们的教育系统中存在许

1　艾萨·坎德勒（Asa Griggs Candler，1851—1929），可口可乐公司创始人，出生在美国佐治亚州，1888年，他从药剂师、医生约翰·斯蒂斯·彭伯顿（John Stith Pemberton，1831—1888）的手中买下可口可乐配方，1892年在亚特兰大创建可口可乐公司。传说彭伯顿因为在南北战争中受伤以致吗啡成瘾，可口可乐是他为了寻找吗啡替代品，解除药物成瘾而发明的。

多问题。他相信如果自己是大学校长，一定能够解决这些问题。他最大的"欲望"就是成为一所教育机构的领导者，在这所机构里，男孩和女孩们将在实践中学习。

他下定决心，要组建一座新的学院，这所学院要能践行他的理念，不受传统教育理论束缚。

要做成这件事，他需要一百万美元！他该到哪里去找到这么大一笔钱呢？这位野心勃勃的年轻牧师为此花费了大量心思。

可事情似乎没有任何进展。

每天晚上，他都带着这个念头上床。每天早晨，都带着它起床。无论走到哪里，他都带着它。他在脑海翻来覆去地琢磨它，直到这个念头成为他的执念。一百万美元是一大笔钱。这是事实，他很清楚，可他还清楚另一个事实：唯一的限制，是人在大脑中自设的。

冈索勒斯博士是个好牧师，也是个好哲学家，他懂得明确的目标是一切的起点，终其一生，他也正是这样做的。他更懂得，唯有以热烈的欲望作为支撑，目标的明确性才能拥有活力、生命和力量，他才能将目标转化为相应的物质实体。

虽然不知道该从何处、该如何着手寻找一百万美元，可他懂得所有这些伟大的真理。通常，人们会就此放弃，说一句："啊，好吧，我的点子是不错，可我没办法实现它，因为我永远也找不到那必不可少的一百万美元。"的确，绝大多数人都会这样说，可他们都不是冈索勒斯博士。他的言行十分重要，因此我必须再次将他介绍给大家，让他为自己发声：

一个星期六的下午，我坐在自己房间里，想着该怎样筹钱实施我的计划。将近两年的时间里，我一直在思考这个问题，可除了思考，我什么也没做！

是时候行动起来了！

当时，我立刻下定决心，要在一个星期内筹到一百万美元。该怎么做？我完全没去想。最重要的是要确定最终时限。而且，我想告诉你，就在我决定了筹款时限的那一刻，一种奇怪的笃定感降临了，我以前从没有过这样的感觉。就像是身体里有什么东西在说："你怎么早没做出这个决定？那钱一直等着你呢！"

事情就在一瞬间发生了。我打电话给报社，宣布我要在第二天上午做一次布道，题目是"如果拥有一百万，我要做什么"。

我立刻开始为布道做准备，可我必须老实说，这个任务并不难，因为我已经有差不多两年的布道经验。其中精义早已是我身体里的一部分了！

晚上，我早早写完布道词，那时离午夜还很远。我上床，满怀信心地入睡，因为我能看到我已经拥有了那一百万美元。

第二天，我清早起来，走进浴室，朗读我的布道词，然后跪下来，祈祷我的布道能够吸引到某个人的注意，让他愿意拿出我所需要的那笔钱。

祈祷时，我再一次有了那种笃定的感觉，钱就要来了。我完全兴奋起来了，甚至忘了拿布道稿就走出家门，直到站上布道台，马上就要开讲时，我才发现了这个疏漏。

来不及回去拿我的稿子了。来不及，这真是天大的幸运！

相反，我的大脑深处自然会提供我需要的素材。我振作精神，开始布道。我闭上眼睛，全情投入，讲述我的梦想。不只是在对听众讲述，我想象自己也在对上帝讲述。我说如果有一百万，我会用来做什么。我描绘我脑海中的计划，如何建立一个伟大的教育机构，在那里，年轻人将学到切实可用的东西，也将发展他们的心智头脑。

当我结束演讲，下台坐下后，一个坐在大概是倒数第三排的男人慢慢从座位上站起来，朝布道台走去。我不知道他要做什么。他走上布道台，伸出一只手，说："教士，我喜欢你的布道。我相信，如果有一百万美元，你能做到你说的每一件事。为了证明我相信你和你的布道，如果你愿意明天上午到我的办公室来，我会给你一百万美元。我的名字是菲利普·丹佛斯·阿莫尔[1]。"

年轻的冈索勒斯去了阿莫尔先生的办公室，一百万美元放在了他面前。凭借这笔钱，他创建了阿莫尔工学院。

这笔钱比大多数牧师一辈子见过的都多，可在它背后，只是一位年轻牧师在一瞬间产生的思想冲动。他需要的一百万美元从想法变成了现实。想法背后是在年轻的冈索勒斯脑海中孕育了

1　菲利普·丹佛斯·阿莫尔（Philip Danforth Armour，1832—1901），美国肉类加工商人，在加州淘金热中赚到了八千美金后，到芝加哥创建了阿莫尔公司，并于1890年投资百万美元给弗兰克·冈索勒斯，创建了阿莫尔工学院。弗兰克·维克利·冈索勒斯（Frank W. Gunsaulus，1856—1921），美国牧师、教育家，最为人所知的成就正是文中讲述的"百万美元布道"的故事。

将近两年之久的欲望。

留意这个重要的事实：从他下定决心要得到这笔钱，确定筹钱计划，到目标达成，只花了不到三十六个小时！

年轻的冈索勒斯这个关于百万美元的模糊想法与微弱渴望并无任何新奇独特之处。在他前后，很多人都有过类似的想法。可在他走向那个值得纪念的星期六的过程中，有什么东西是非常独特、非常不同的，在那一刻，他将一切含糊抛到身后，斩钉截铁地说："我会在一个星期内拿到那笔钱！"

上帝似乎总愿意站在这样的人身边，他明确了解自己想要什么，而且下定了决心，就是要得到它！

而且，这条帮助冈索勒斯博士赢得百万美元的法则始终有效！你也可以运用它！这条普遍的法则在今天依然有效，就像当年那位年轻牧师成功运用它的时候一样。本书一步步讲述这一伟大法则的十三大组成元素，并就如何运用它们给出建议。

要注意，艾萨·坎德勒和弗兰克·冈索勒斯博士有一个共同点。他们俩都懂得一个惊人的真理："点子"是能够变成真金白银的，只要借助明确目标的力量，再加上明确计划的辅助。

无数人相信单凭辛苦工作和诚实就能得到财富，如果你也是其中之一，赶快丢掉这个观念吧！那不是真的！若有财富滚滚而来，那绝不是"辛苦"工作的结果！财富会到来，必然是对明确需求的回应，是基于对明确法则的运用，不是凑巧，也不靠运气。通常说来，"点子"来源于思想的冲动，借助对想象力的召唤，以期推动行动。所有销售大师都懂得，在商品卖不动的地方，"点子"可以畅通无阻。普通的销售员不懂这个，这也是他们之所以"普通"的原因。

一名卖"五美分书"的出版商发现了一个奥秘,一个对其他出版商也同样大有价值的奥秘。他发现,许多人买书看的是标题,而不是内容。靠着换掉书名的小小举动,他让一本滞销书卖到了一百多万册。书的内容丝毫没有改动。他只是扒掉印着卖不动的书名的书皮,换上印着"有市场价值"的书名的新封面。

看上去只是个简单的"点子"。可这就是想象力!

"点子"没有标准价格。"点子"的创造者自己估价,如果足够聪明,他就能得到它。

影视行业造就了一批百万富翁。其中大部分人都不会创造"点子",可是,他们拥有想象力,一眼就能把好点子辨认出来。

下一批百万富翁将出现在广播行业中,它是新的,还没被富有敏锐想象力的人挤满。那些能够发现、创作出更有价值的新广播节目,拥有可以辨认价值的想象力,能够让广播听众从中受益的人,都将是金钱的创造者。

赞助商!那些如今为所有广播娱乐业支付开支的不幸受害者们,很快就会拥有"点子"的意识,会要求回报。谁能够打动赞助商出钱出力支持节目,并且能够通过节目提供有益的服务,谁就会是这个新产业里赚钱的人。

只会用俏皮话和傻笑污染空气的唠叨艺人、无病呻吟的情歌歌手都将离开舞台,他们将被真正用心制作节目的艺术家取代,新的节目不但能够提供娱乐,更能够服务于人们的心灵。

这里将是一片广阔的机遇之地,缺乏想象力会被屠戮,它们将尖叫求救,愿意付出任何代价。总而言之,我们说的就是,广播业需要新的"点子"！

如果这个新的机遇之地也引起了你的兴趣，那么下面的建议或许也能对你有所帮助：在未来，成功的广播节目需要将更多精力放在发展"消费型"受众，而非单纯的"收听型"受众上。说得更明白一点，能在未来取得成功的节目制作者必须找到有效的方式，将"听众"转化为"消费者"。不仅如此，未来成功的广播节目制作者必须确立他的特色，这样，他才能拥有对受众的明确影响力。

赞助商已经开始厌倦为花言巧语买单了，那都是些空口无凭的东西。他们在未来将提出要求，他们想要实打实的证据，证明某个节目不是只会给百万人送上咯咯的傻笑，而是那些傻笑的家伙同时还能买下商品！

有志来这充满全新机遇的地方发展的人或许还认识到了另一个事实，即广播广告将为一群全新的广告专业人士所掌控，他们不同于老式的报纸杂志广告从业者。这场广告游戏中的"过时佬"读不懂现代的广播脚本，因为他们已经被训练得只会"看"创意。新的广播技术要求人们能够解读创意，将它们从书面文字变成"可收听"的语言！要掌握这项技能，或许得花上一年时间发奋苦学，外加好几千美元的学费。

此时的广播业差不多正处在当年玛丽·碧克馥[1]和她的卷发

1　玛丽·碧克馥（Mary Pickford，1892—1979），加拿大出生的美国演员，原名格拉蒂斯·露易丝·史密斯（Gladys Louise Smith），是二十世纪一二十年代最当红的电影明星之一，有"电影皇后"和"美国甜心"之称，是奥斯卡奖的三十六名创始人之一。

第一次出现在银幕上的阶段。对于有能力创造或鉴别"点子"的人来说，这其中大有可为。

如果上面所有关于广播行业新机遇的描述都没能激发你的"点子"工厂开始工作，那就忘了它吧。你的机会在别的领域。如果这些描述吸引了你，哪怕只是引起你最细微的兴趣，那就深入进去，说不定你就能找到一个"点子"，让你的职业生涯达成圆满。

如果你毫无广播业从业经验，绝对不要气馁。安德鲁·卡耐基也不懂炼钢制铁（这是卡耐基亲口跟我说的），可他扎扎实实地运用了本书中谈到的两项原理，成功让钢铁生意为他带来了巨大的财富。

现实中每一笔巨大财富的故事，都始于"点子"的创造者与销售者相会，并齐心协力展开合作的那一天。卡耐基让自己身边围满了人，他们能够做到一切他自己做不到的事。有人负责创意，有人执行创意，为自己和其他人赢得不可思议的财富。

无数人一辈子都在期望可喜的"机遇"到来。也许可喜的机遇能给人带来一次机会，可最可靠的还是"不要依赖运气"。的确，我人生最大的机会来自一次好的"机遇"，可是，在机遇变成财富之前，我还付出了足足二十五年的坚定努力。

那次"机遇"是我的幸运，让我能遇见安德鲁·卡耐基，并得到他的帮助。在那次偶然的见面中，卡耐基将这样一个"点子"种在了我的脑海中——研究获取成就的原理，总结出成功的哲学。成千上万人从这二十五年的研究成果中获益，好几笔财富也经由对于这一哲学的实践而累积。迈出第一步很简单。人人都能想到这样的"点子"。

这个可喜的变化来自卡耐基，可在那之外，还有决心、明确的目标、达成目标的欲望以及长达二十五年坚持不懈的努力呢！普通的"欲望"扛不住失望、气馁、一时的挫折、批评和类似"浪费时间"这样不绝于耳的质疑。我们要的是"燃烧的炽烈欲望"！是"执念"！

当这个想法刚被卡耐基先生放入我的脑海时，它得靠着诱哄、呵护和诱惑才能生存下来。渐渐地，它长成了巨人，拥有了自己的力量，于是，它开始诱哄、呵护、敦促我。想法就是这样。一开始，你给予它们生命、动力和指引，到后来，它们有了力量，便能够自行将所有反对的力量扫到一旁。

想法是无形的力量，可它们有着比给予它们生命的有形大脑更加强大的力量。即便创造它们的大脑已经归于尘土，它们依然有力量继续生存。想要例证的话，不妨想想基督教的力量吧。一开始只是个简单的想法，诞生在耶稣的大脑中。它的核心原则就是，"己所欲，施于人"。耶稣已归来处，可他的"想法"依然在世间行走。到某一天，它或许会长大，变成独立的自己，然后实现耶稣最深层的"欲望"。这个"想法"才成长了两千年，再给它一些时间吧！

7 | 有序的计划
ORGANIZED PLANNING

将欲望具象为行动
通往财富宝藏的第六级台阶

你已经知道了，任何人类创造出或索取到的物品，其初始形态都是欲望。在从抽象概念到具体实物的旅程中，欲望首先在第一阶段现身，然后进入"想象力"的加工工坊，在这里，会生成完整的转化"计划"，并有序地组织安排。

在第二章里，我们已经告诉你，如果要将你对金钱的欲望转化为金钱实体，迈出第一步需要六个明确并且切实可行的步骤。其中之一就是制订一个或一系列明确的、切实可行的计划，通过它们来完成转化。

现在，你将学到如何制订切实可行的计划，具体如下：

a. 根据你在制订、执行催生金钱这一项或一系列计划过程中的需要，联合尽可能多的人——善用稍后章节中谈及的"智囊"原则（遵循这一指令是关键中的关键，千万不可轻忽）。

b.　在建立起你的"智库"之前，先想清楚你能够向"智囊团"每个成员提供的利益和好处，以用于回报他们的合作。没有人会无限提供无偿服务。没有一个聪明人会要求或期望他人无偿工作，即便回报并不总是表现为金钱形式。

c.　做好安排，每周至少与你的"智囊团"成员见两次面，如果有可能，多多益善，直至你为催生金钱所制订的计划或系列计划全都达到了尽善尽美。

d.　和你的"智囊团"中每个成员都保持完美的融洽和谐状态。如果不能将这一项指令中的每一个字都落到实处，你很可能就会遭遇失败。如果达不到完美和谐，"智囊"原则就不可能生效。

牢牢记住以下事实

第一，你正在从事一项对你而言极其重要的事业。要确保成功，你必须拥有完美无瑕的计划。

第二，你必须善加利用他人的经验、学识、天赋能力和想象力。这是每个已经获取巨大财富的人都会采取的方法。

没有人能不依靠与他人的协作就获取巨大财富，无论他是多么富有经验、学识、天赋能力和各种知识。在努力积累财富的过程中，你所采纳的每一项计划都应当是你自己和你的"智囊团"成员合作的产物。你可以首先提出自己的计划，无论它（它们）

完善与否，但一定要让它们接受检验，并最终得到你的每一名"智库"成员的认可。

如果你的第一个计划不成功，那就换一个新的计划，如果新计划不成功，那就再换掉，重新再制订一个，就这样，一直到你找到一个切实有效的计划。说到这里，就涉及大多数人遭遇失败的主要原因了，因为他们缺乏持之以恒地制订新计划以取代失败计划的坚持。

如果没有切实有效的可行计划，哪怕最聪明的人也无法成功积累财富，也无法在任何事业上取得成功。将这个事实牢牢刻在脑子里，如果你的计划失败了，记住，暂时的失利并不等于永久的失败。那也许只代表你的计划还不够好，再制订一套计划从头再来。

爱迪生在制造出明亮的白炽灯泡以前失败了上万次。也就是说，在"努力"能够戴上成功的皇冠以前，他遭遇过上万次"暂时的失利"。

"暂时的失利"只意味着一件事、一个常识——你的计划出了问题。很多人一生悲惨困顿，只因为他们缺乏一个能够帮助他们积累财富的完善计划。

亨利·福特成功积累了财富，不是因为他有超凡的头脑，而是因为他制订并且执行了一个计划，最后的事实证明了这个计划是完善的。你随时能找出一千个人来，他们每一个都比福特的教育程度高，可每一个都生活困顿，因为他没能掌控那个能够积累财富的"对的"计划。

你的成就不可能超越你计划的完善程度。这听起来也许像句废话，但却是真实的。塞缪尔·因萨尔[1]损失了上百万美元的财富。因萨尔的财富得自他一系列完善的计划，但商业压力逼迫因萨尔先生改变他的计划；这种改变带来了"暂时的失利"，因为他的新计划不完善。因萨尔已经老了，因此，他也许会将这些"暂时的失利"当成"失败"接受下来，可如果说他的人生最终以"失败"告终，那也只是因为他缺少了重新制订计划的"坚持"之火。

没有人会一败涂地，除非他自动"退出"——打从心底里退出。

这一事实将会在本书中被重复提到很多次，因为人们太容易在刚刚看到失利的征兆时就认输了。

詹姆斯·杰罗姆·希尔[2]第一次为修建贯通东西部的铁路筹措资金时遭遇了暂时的失利，可他同样通过制订新的计划，将失利转化成了成功。

亨利·福特也遭遇过暂时的失利，不只在他的汽车事业起步阶段，更贯穿在向顶峰冲刺的全程中。他不断制订新计划，一往无前地奔向财务的胜利。

我们注视那些集聚了巨大财富的人，可我们常常只看到他们的成功，却忽略了他们在"抵达"之前必须克服的那些"暂时的

1　塞缪尔·因萨尔（Samuel Insull，1859—1938），芝加哥商业巨头，出生于英国，后受聘于爱迪生，对美国的电力公用事业贡献卓著。大萧条期间其企业遭受重创，并被控证券欺诈以牟取私利，后被判无罪。

2　詹姆斯·杰罗姆·希尔（James J. Hill，1838—1916），加拿大—美国铁路大亨，一手打造并掌控覆盖美国西部大面积区域的"大北方"铁路，生前有"帝国建造者"之称。

失利"。

遵循这一哲学的人做不到理直气壮地要求跳过所有"暂时的失利"而获得财富。当失利来临，将它视为一个提醒你计划尚不完善的信号，接纳它，调整计划，立刻向着你梦寐以求的目标再次扬帆起航。如果你在抵达目标前就放弃，那么，你就是个"半途而废的人"。

半途而废的人永远无法赢，赢家永远不言退。拎出这句话，写在纸上，每个字都写到一英寸大小，把它放在你每天晚上睡觉前和每天早晨出门上班前都能看到的地方。

当你开始选择你的"智囊团"成员时，尽量选择那些不太在意失利的人。

有人愚蠢地相信只有金钱才能生钱。那不是真的！欲望才是"生钱"的媒介，它通过这里写下的种种原则转化为相应的金钱实体。就金钱本身而言，它什么也不是，只是一种惰性物质。它不能移动，不能思考，不能说话，但如果有人渴望它，呼唤它的到来，它就能"听到"！

制订服务推销计划

本章接下来的部分都将用于探讨就个人服务展开市场营销的方式和方法。这里传达出的信息，对于每一个能够以某种形式向市场提供个人服务的人来说都有切实的帮助，而对于渴望在其所选择行业中占据领先地位的人来说，它们就是无价之宝。

在任何旨在积累财富的事业中，明智的计划都是成功必不可少的要素。面向所有必须从出售个人服务开始积累财富的人，我们将在这里提供详细的指南。

我们要鼓励大家认识到，事实上，任何巨大的财富最初都是起步于个人服务所获取的报酬或是"点子"的销售所得。再说了，除了点子和个人服务，一个一无所有的人还能拿得出什么来换取财富呢？

一般说来，世界上只有两种人，一种是"领导者"，另一种是"追随者"。从一开始就要想好，在你所选择的行业中，你是想成为领导者，还是就当个追随者。两者获取的回报差异极大。追随者当然不能期望获得领导者所匹配的报酬，尽管许多追随者都错误地抱有了这种期待。

成为追随者没什么丢脸的。但另一方面，固守追随者的身份是没有益处的。绝大多数伟大的领导者都是从追随者起步的。他们之所以能成为伟大的领导者，是因为他们是"明智的追随者"。一个无法明智地追随领导者的人，也无法成为一个有能力的领导者，这一点绝少例外。能够最高效地跟从领导者的人，通常也是能够最迅速培养出领导能力的人。一个明智的追随者能够拥有很多优势，其中就包括向领导者学习的机会。

领导力的主要特性

我们在下面列出的，是领导力的若干要素：

1. 坚定的勇气，基于对自我及自身职业的认知。没有追随者愿意接受一个本身缺乏自信和勇气的领导者的统帅。没有哪个明智的追随者会长期接受这种领导者的统帅。

2. 自制力。一个无法控制自己的人，必然永远无法控制他人。自制力是为追随者树立的有力榜样，聪明人总会加以仿效。

3. 强烈的正义感。缺乏正义感和公正的态度，领导者就无法领导其追随者，获得他们的尊重。

4. 决断力。瞻前顾后、摇摆不定的作风只能表明一个人对自己缺乏信心。这样是无法成功领导他人的。

5. 明确的计划性。成功的领导者必须对他的工作有规划，并能落实计划。凭盲目臆断而非明确、实际的计划来推进工作的领导者，恰如没有舵的船。早晚会触礁搁浅。

6. 付出大于索取的习惯。作为领导者的一大坏处是，无论你向你的追随者要求什么，首先自己必须心甘情愿地去付出更多。

7. 宜人的个性。懒散、粗枝大叶的人无法成为成功的领导者。领导力需要获得尊重。追随者不会尊重一个不具备高度"宜人个性"的领导者。

8. 同情心和理解力。一个成功的领导者必须能够体谅他的追随者。进一步说，他必须理解他们，对他们的问题感同身受。

9. 细节掌控力。对于身处领导地位的人来说，成功的领导力需要对于细节的掌控。

10. 全权负责的担当。成功的领导者必须懂得承担其追随者的不足和失误所带来的后果。如果他推诿责任，就无法再继续扮演领导者的角色。如果他的追随者犯了错，表明自己能力不足，那么领导者必须反思，将其视为自身的失败。

11. 合作能力。成功的领导者必须懂得通力合作的原则，能够将其付诸实践，并引导追随者做出同样的努力。领导力需要"力量"，力量来自合作。

领导地位的达成有两种形态。第一种，也是迄今为止最有效的一种，是"和谐的领导"，即得到了追随者的认同。第二种是"强权的领导"，这种领导并未能得到追随者的认同和许可。

自古以来，无数例子说明了，"强权的领导"是无法持久的。那么多"独裁者"和国王们的灭亡就是例子。也就是说，人们不会无休止地追随强权的领导。

就领导者与追随者的关系而言，世界已经进入了一个全新的纪元，它非常明确地召唤全新的领导者、全新的商业和行业领袖标杆。老派的强权领导阶层必须理解全新的领导标杆（合作），否则就只能沦为追随者，没有第三条路可走。

雇主和雇员的关系，或者说领导者和追随者的关系，在未来将成为一种双向合作的关系，其根基在于对业务所获利润的公平合理分配。在未来，雇主和雇员的关系将比以往任何时候都更接近于合作伙伴的形式。

拿破仑、德国的威廉二世、俄国沙皇、西班牙国王都是强权领导的范例。他们的领导过时了。不需花费多少力气，人们就可以在美国找出这些人的样板，无论是在商业、金融领域还是劳动者领域，他们都已失势，或即将失势。唯有得到追随者拥戴的领导才是唯一能够持久的！

人们可能暂时服从强权的领导，但不会心甘情愿如此。

新的领导类型将遵守十一大领导要素，我们在这一章将会谈到，同时也会谈及其他因素。凡以此为基础建立领导地位的人，必定是能在各行各业找到大量机会的人。大萧条之所以持续蔓延，很大程度上，就是因为世界缺乏新的领导类型。在大萧条末期，市场对有能力运用新的领导模式的领导者是十分供不应求的。有的老派领导者能够自我改造，调整状态适应新的领导类型，可总体而言，世界必须为它的领导阶层大船寻找新的梁木。这一需求或许正是你的机会！

造成领导失败的十大原因

我们现在要探讨失败的领导者通常犯下的主要错误，因为明白"什么不可为"和明白"应当有所为"同样重要：

1. 无力掌控细节。有效的领导要求对于细节的组织和掌控能力。没有任何一个所谓天才的领导者会"太忙"，忙到顾不上他身为领导者所应承担的责任。无论身为领导者还是追随者，一个人如果承认他"太忙"以至于顾不上调整计划或关注任何突发状况，那就等于承认他的无能。成功的领导者必定是一切细节的掌控者，这些细节必定都与他所处的位置相关。当然，那也就是说，他必须养成知人善任的习惯，能够将细节工作交付合适人选处理。

2. 无意放下身段提供服务。真正伟大的领导者都愿意根据需要出现在任何一个劳动岗位上，扮演其要求他人扮演的劳动者角色。"你们中间谁为大，谁就要做你们的用人"[1]，这是为一切有能力的领导者尊奉并遵行的真理。

3. 期望凭借"所懂得的"获得报偿，而非利用"所懂得的"有所作为。世界不会因为人们"懂得"什么而给予回报。它只会根据人们"做了"什么或引领他人做了什么来支付报酬。

4. 畏惧来自追随者的竞争。担心被追随者取而代之的领导者事实上已经意识到了，这种担忧早晚会成真。有能力的领导者培养候补者，以便随时可以将任何细小事务分派给他人处理。唯有如此，一个领导者才能无所不在，分身各处，同时关注到方方面面。相比事事亲力亲为的人，"能够善用他人助力"的人必然收获更多回报，这是永恒不变的真理。有能力的领导者能够通过自己的专业知识和个人魅力，最大限度地激发他人的能力，引导他们提供更多、更好的服务，超越他们在没有得到领导者帮助的情况下单凭自己所能提供的。

5. 缺乏想象力。缺乏想象力，领导者就无力应对危机，也无法制订能够有效引领追随者的计划。

1　出自《圣经·马太福音》。

6. 自私。夺追随者之功据为己有的领导者，得到的必然是怨恨。真正伟大的领导者不追求名誉荣耀。如果有荣耀出现，他会乐于看见荣耀归于他的追随者，因为他清楚，相比单纯的金钱回报，赞赏和认可能够促使大多数人更加努力地工作。

7. 放纵。追随者不会尊重一个放纵的领导者。而且，无论沉溺于哪种形式的放纵，其耐力和生命力都会被彻底摧毁。

8. 背信弃义。这一条或许应该放在整个清单的最前面。不在乎个人信用，对合作者不忠（无论对方的地位是高于他，还是低于他）的领导者必然无法持久保有其领导地位。背信弃义的人比尘埃更低微，必将自取其辱，遭受轻蔑。在各个行业里，不忠诚都是导致失败的最主要原因。

9. 专注领导"权威"。有能力的领导者通过激励引领追随者，而非将恐惧注入他们心中。力图在追随者面前强调"权威"的领导者是误入了"强权领导"的歧途。一个真正的领导者绝不需要额外强调这一事实，他只需要通过行为展现他的同情、理解、公正以及他对本行业的专业度。

10. 重视头衔。有能力的领导者不需要"头衔"来帮助他赢得追随者的敬重。过分强调头衔的人通常都是因为没有别的可强调了。真正的领导者的大门必定是向所有有意进入的人敞开的，他的办公区域内不存在形式主义和花哨卖弄。

以上列出的都是导致领导者失败的最常见原因。其中任何一条都足以带来失败。如果你有意成为领导者，请仔细研读这张清单，确保自己免于犯下以上错误。

需要"新领导"的良田沃土

在告别这一章节之前，你的注意力应当转向几个土壤肥沃的领域，在这些领域中，现有的领导阶层在衰退，新型的领导者很可能找到大量机会施展拳脚。

第一，政坛是目前最急需新型领导者的领域，这样的需求不亚于一场危机召唤。目前看来，大部分政客都已经变成了高段位的合法欺诈犯。他们增加赋税，放任工业和商业机器堕落，直至人们再也不堪重负。

第二，银行业正在经历一场变革。这个领域的领导者们已经彻底失去了公众的信赖。银行家们也已认识到变革的需求，正着手开始推进此事。

第三，工业领域呼唤新的领导者。老派领导者的思考与行动，依据的是红利模式，而非人本模式！未来的工业领导者若想持续保有领导力，则必须将自己视为准公职人员，善加管理个人诚信形象，不可对任何个人及个人组成的团体造成损害。压榨工人已经成为过去式。任何有意在商业、工业和劳动者领域中扮演领导者角色的人，都请记住这一点。

第四，未来的宗教领袖必然不得不更多地关注其追随者的现实需求，解决他们当下的经济和个人问题，减少对前生后世的关注。

第五，在法律、医药以及教育等专业领域，新的领导模式（或者在某种层面上说）、新的领导者将成为必需。这一点在教育领域尤为突出。在未来，这个领域的领导者必须找到新的方法，用以教会人们如何将校内所学应用于实践。他必须更多地面对"实践"而非"理论"。

第六，新闻业需要新的领导者。未来的报纸若想成功经营，必然要与"特权"拆离，减少对广告经费支持的依赖。它们必须不再充任为广告主牟利代言的喉舌。以刊载丑闻和低俗图片为主的报纸，最终必然重蹈一切诱使人心堕落的力量的覆辙。

以上只是粗略列举出几个新型领导者和新型领导模式有机会大展拳脚的领域。世界正处在快速的变革中。这就意味着，推动人类习性随之变化的媒介也需要提升，需要适应变化。这里所说的媒介，正是即将决定人类文明进程的那些部分，其所发挥的作用将远超其他领域。

谋职的时机与方法

这里讲述的内容是多年来上千人借以成功推销个人服务的经验要点，因此它在完善性和可行性方面都是值得依赖的。

个人服务的营销媒介

经验证明，以下媒介能够直接、有效地在个人服务的买卖双方间建立连接：

1. 职业介绍所。用心筛选声誉良好的机构，基于其管理水准，这种机构能够向客户展示充足的成功案例记录，但这类机构相对较少。

2. 广告。通常刊载在报纸、行业期刊、杂志上，或通过广播电台播放。对于寻找文员或普通薪资职位的人来说，分类广告通常能够得到令人满意的效果。对于寻求较高级的管理职位者，位于报刊显眼位置，容易被潜在雇主看到的展示性广告更为可取。广告应当寻找行家里手设计，他应当懂得如何在文本中注入更多卖点，以争取回应。

3. 自荐信。直接发给最有可能需要相应服务的特定机构或个人。无论何时，信件都应该打印得清晰整洁，附加手写签名。随信应当附上一份完整"简历"或求职者的职业资质概要。自荐信、简历或职业资质概要都应当请专家协助准备。详情可参看本指南中有关"需提供的信息"部分。

4. 熟人引荐。有可能的话，求职者应当通过双方共同的熟人来尽可能接触预期的雇主。这种接触方式尤其适合意图寻求高级管理职位且不愿挨家挨户上门兜售的求职者。

5. 毛遂自荐。求职者亲自上门向预期雇主自荐其所能提供的个人服务，在某些时候是更高效的方式。在这种情况下，求职者应当准备好一份完整的书面个人资历介绍以供呈递，因为预期雇主往往希望能够与他的合作伙伴就应聘者资历展开讨论。

书面"简历"中需提供的信息

简历应当精心准备，就像律师准备出庭的案件摘要那样。除非求职者在准备简历方面素有心得，否则应该考虑求助专家，对方提供的服务应该围绕这一目标展开。成功的商人会雇用合适的人选来展示其商品的优势，无论男女，受雇者应该懂得广告艺术和广告心理学。持个人服务以待沽的人也应如此。个人简历中应当包含以下信息：

1. 教育信息。简要但清楚地列明你的求学经历，以及在校就读的专业，以此作为专业水平的证明。

2. 工作履历。如果你拥有与求聘职位相关的经历，充分描述它，写明前雇主的名称和地址。确保清晰阐述你的专长，前提是该专长有助于证明你能够胜任所应聘的职位。

3. 参考信息。事实上，对于重要职位的应征者，每家商业机构都会想要详细了解其过往档案、履历等。附上有分量的推荐信复印件，它们可以出自：

   a. 前雇主

   b. 学校导师

   c. 具有说服力的显要人士

4. 个人照片。附上一张不过分修饰的个人近照。

5. 申请一个明确的职位。避免提出职位申请，却缺乏对该职位的明确描述。永远不要说"只求一个职位"。那表示你缺乏专业资格。

6. 针对所申请的职位陈述你的专业资质。完整、详细地阐述你自信能够胜任所求职位的理由。这是"求职申请"的核心，将在最大程度上决定你得到什么结果。

7. 提出试用建议。大多数情况下，如果你下定决心要得到所求的职位，最有效的方法是为你的未来雇主提供一段无偿试用期，为期一周、一个月，或任何必要的时长，以便未来雇主对你的个人价值做出判断。这听上去或许是个激进的建议，但事实证明，它至少能为你赢得一个试用的机会，绝少失败。如果你对自己的专业水准有信心，试用便已足够。这是最有说服力的。如果你的提议被接纳，并且表现良好，那么你很可能在"无偿试用"期就收到报酬。确定你的提议是基于：

    a. 你自信个人能力足以胜任所求职位。

    b. 你有信心未来雇主会在试用后聘用你。

    c. 你下定了决心要得到所求的职位。

8. 了解你的未来雇主的业务情况。在提出申请之前，应先充分搜集业务相关信息，让自己充分熟悉该项业务，并在你的简历中陈述你在该领域的专业知识。这能够让人印象深刻，表明你不但拥有想象力，还对该职位有着真正的兴趣。

记住，最终能打赢官司的，不是懂得最多法律条文的律师，而是对案子准备最充分的人。如果你的"案子"经过了妥当的准备和呈现，那么胜算在一开始就占了一半以上。

不要担心简历写得太长。雇主对于买到优质服务的兴趣与你想要确保被雇用的渴望一样高。事实上，大多数成功的雇主之所以能够成功，多半在于他们有能力选择优秀的副手。他们想要了解一切可能得到的信息。

此外还有一点应当记住：整洁清晰的简历意味着你是个做事认真仔细的人。我曾经帮助一些客户准备简历，这些简历相当出类拔萃，非常引人注目，有雇主甚至不经面试就直接发出了聘书。

简历完成后，请一名熟练的装订工完成装订，确保成品简洁大方，封面以手写或印刷体艺术字写上类似如下字样：

个人简历

罗伯特·K.史密斯

申请职位

布兰科有限责任公司

总经理私人秘书

根据具体情况更改公司名、姓名及职位即可。

这种个人的主动出击必然会引起注意。采用你能找到的最优质的纸张，用于打印或印刷你的个人简历，用书籍封面用的厚纸做封面，如果需要投递给不止一家公司，记得更换封面，填入正确的公司名称。照片应当附在简历内页中。严格遵照这些指南去做，并根据你个人的设想去改进。

成功的推销员都懂得个人形象的重要性。他们知道，第一印象往往经久不衰。简历就是你的推销员。给它穿一身好衣服，它就能在你的未来雇主见过的诸多同类求职资料中脱颖而出。如果你想要的职位是值得争取的，那么它就值得被用心对待。更有甚者，如果你能够以令人印象深刻的独特个性成功向你的未来雇主完成自我推销，就很可能起步便得到丰厚的金钱回报，远远胜过以寻常方式谋职所能获得的。

如果你通过广告机构或职业中介求职，将你自己设计制作的简历副本提供给中介机构，以推销你的个人服务。这能够为你赢得来自中介和未来雇主双方面的好感。

如何得到你渴望的职位

人人都喜欢最适合自己的工作。艺术家喜欢用画笔工作，手工艺者喜欢用双手工作，作家喜欢写作。不那么具备突出天分的人也会对某个商业或行业领域有所偏好。如果说美国有哪一点做得还不错的话，那就是它提供了完备的职业选择，从农耕、制造业、市场营销到各个专业领域。

第一，明确你希望从事哪种工作。如果这种职业还不在市场上，那么或许你能创造它。

第二，选择你希望为之工作的公司或个人。

第三，研究你未来的雇主，包括公司政策、人员情况和可能的提升空间。

第四，通过分析你的个性、才干和能力，搞清你能提供什么，就你确信自己能够成功输送的利益、服务、发展和创意制订计划，设计提供它们的方式方法。

第五，忘掉"一份工作"，忘掉有没有机会，忘掉常规的"你能否为我提供一份工作"这种路数。将注意力聚焦于你能给予什么。

第六，一旦你的头脑中有计划生成，寻找一位有经验的文案人员，帮助你将其落实到纸面，确保简明扼要、细节完备。

第七，将它呈递给有足够权限的人，他会完成余下的工作。每家公司都在寻找能够为公司输送价值的人，无论他带来的是创意、服务，还是"人脉网络"。每家公司都永远有位子留给这样的人，只要他有明确的行动计划，能够为公司带来利益。

这样一个过程可能要额外花费数日或数周时间，但就收入、职业发展空间和获得的认可而言，相当于以极小的投入替代数年之久的艰苦工作。它有许多好处，其中最主要的一点在于它通常能帮助求职者提前一至五年达成既定目标。

每个一开始或"半路出家"平步青云的人都有过这样深思熟虑、精心制订的计划。当然，老板的儿子另当别论。

出售个人服务的新方式：从"工作"到"合伙"

任何想要以个人服务换取最大收益的人，无论男女都必须认识到，雇主和雇员之间的关系已经发生了重大变革。

在未来，主导商品和个人服务市场的不再是"黄金的法则"，而是"黄金法则"。未来雇主与雇员的关系更类似合作伙伴的性质，其中包括三方要素：

a. 雇主

b. 雇员

c. 他们共同服务的大众

这种贩售个人服务的方式之所以称为"新"，理由是多方面的。首先，未来的雇主和雇员将被视为某种同事关系，其共同的事业是为大众提供有效服务。过去，雇主和雇员的交易只限于两者之间，双方各尽所能与对方讨价还价，不会去顾虑，事实上，他们的讨价还价归根结底都是以牺牲第三方利益为代价的，而这第三方就是他们所共同服务的大众。

大萧条完全可以视为受损伤的大众所发起的有力抗议，他们的权益被各方叫嚣着争夺个人利益和红利的力量所践踏。既然大萧条的余波需要被扫除，那么商业必然需要重新找到平衡，雇主方和雇员方都将认识到，他们不再享有特权，不再能以牺牲他们所服务的对象为代价去讨价还价。在未来，真正的雇主将是大众。对于每一个希望有效出售个人服务的人来说，这一点都应当被牢牢记在心头，放在最重要的地位上。

在美国，几乎每条铁路的运营都遭遇了财政危机。有谁会不记得呢？身为公民，突然有一天，当你到售票窗口询问列车发车时间时，竟被硬邦邦地支到了布告栏前，而不是被礼貌地告知所需信息。

电车公司也经历了一场"时代的变革"。就在不太久远的从前，电车售票员还以跟乘客争吵为傲。如今许多电车轨道被拆除了，乘客改乘公共汽车，后者的司机堪称"最不懂礼貌二字怎么写"的人。

全国有无数电车轨道废弃生锈，要不就被取而代之。而在任何一条仍然继续运行的电车路线上，如今乘客们不必为乘车吵架，甚至还可以在半路扬手招车，司机则会亲切地让他上车。

时移世易，变化何其巨大！这正是我想强调的重点。时代变了！更重要的是，这种变化不但体现在铁路售票窗口和电车上，还体现在各行各业的发展中。"该死的大众"方针过时了。如今取而代之的是"先生，很荣幸为您服务"方针。

银行家们在过去短短几年发生的高速变化中学到了一两件事。时至今日，无礼的银行管理者或银行职员已经很少见了，与数十年前大不一样。过去，总有银行家（当然并非全部）端着严厉的架子，让每个可能需要借贷的客户噤若寒蝉，哪怕只是想一想要跟这些银行家打交道申请贷款就胆战心惊。

成千上万曾在大萧条期间遭遇重挫的银行飞快拆除了曾经拒人于千里之外的桃花心木门。如今银行从业者们都坐在开放式的办公桌后，在那里，他们能被每一个存款者看到，甚至可以让任何"只是想要看看他们"的人看到，谁都可以接近他们，银行的整体氛围是殷勤礼貌、宽容体贴的。

曾经，顾客们习惯了站在街角的杂货店门口等待店员见完朋友，或店主存完钱回来开门营业。而连锁店由彬彬有礼的人运营，他们极尽一切可能提供服务，只差没有帮客人擦鞋了，他们已经将老式商人赶到了台下。时代变了！

"礼貌"和"服务"是今日商业行为里肉眼可见的字眼，相较于接受服务的雇主而言，这一点在提供个人服务的受雇者身上体现得更为直接，因为，归根结底，无论雇主还是雇员，都受雇于他们所服务的大众。如果无法提供优质的服务，他们就将受到惩罚，失去提供服务的特权。

我们都还记得那样的时代，那时候，煤气公司抄表员会死命砸门，仿佛要把门板打破一样。当门打开，他们就不等邀请直闯进去，满脸的不耐烦，仿佛在说："你让我等这么久是要干吗？"这一切也都改变了。如今的抄表员都把自己扮作"先生，很高兴为您服务"的绅士。当初，就在煤气公司还没意识到他们怒气冲冲的抄表员正日复一日地在用户心目中堆积永远无法还清的负债时，彬彬有礼的燃油炉销售员已经悄然而至，夺走了他们的半壁江山。

大萧条期间，我花了好几个月时间研究宾夕法尼亚州的无烟煤产业，寻找将煤炭产业几乎摧毁殆尽的玄机。在若干非常重要的发现之中，我得出结论：来自行业经营者及其雇员的贪婪是导致经营者失去业务、矿工失去工作的最主要原因。

一群代表雇员的过分热心的劳动领袖所施加的压力，加上经营者一方的贪婪牟利导致了煤炭行业突然间萎缩了。煤炭经营者和他们的雇员都向对方提出了激进的要价，于是他们将"讨价还价"的成本分摊到煤炭价格上，直到最后，他们突然发现自己为燃油设备制造商和原油生产者创造了绝佳的商业机遇。

"罪的工价乃是死！"[1] 许多人都曾在《圣经》中读到这句话，但很少有人真正挖掘过它的含义。到如今，整个世界都被迫侧耳

1　出自《圣经·罗马书》。

聆听训诫，一听就是好几年，这样的训诫或许可以概括为"人种的是什么，收的也是什么"[1]。

像大萧条这样波及之广、影响之深的事情，不可能"只是巧合"。大萧条背后必要有个原因。没有什么会无缘无故发生。基本上，导致大萧条的主要原因可以直接归结为一个世界性的习惯——试图不种而收。

切莫错误地以为大萧条代表一种世界未曾种下如今却被迫收割的作物。问题的根源在于世界种下了错误的种子。任何农夫都知道，他绝不可能播下蓟草的种子却收获稻谷。自从世界大战爆发之初，全世界的人们就开始播下错误的种子，提供无论品质还是数量都偷工减料的服务。几乎每个人在那时候都忙着争取不劳而获。

以上描述旨在提醒拥有个人服务准备出售的人们注意，看看我们在哪里，我们是什么，一切都取决于我们自己的行为！如果说存在一种掌控商业、金融和交通业的因果律，那么它也同样能够掌控个人，决定个人的经济地位。

你的"QQS"等级是多少？

有效且持久出售服务的成功秘诀我们已经说得很清楚了。除非能够真正学习、分析、理解并实践这些秘诀，否则没有人能有

1　　出自《圣经·加拉太书》。

效持久地出售他的服务。每个人都必须成为自己个人服务的推销员。服务输出的质量和数量，以及其中所蕴含的精神，在很大程度上决定了雇佣的价格和期限。要有效推销个人服务（换言之，就是以令人满意的价格，在舒适的条件下，长期售出服务），人们必须采纳并遵循"QQS"公式，即：质量（QUALITY）+ 数量（QUANTITY）+ 合作精神（SPIRIT）= 最完美的推销技巧。记住这个"QQS"公式。但仅仅这样还不够，你还应当多多实践，将它变成你的习惯！

让我们对这一公式稍加分析，确保我们准确理解了它的含义：

1. 所谓服务质量，应当被解读为每一处细节的表现，涵盖职位相关的方方面面，以尽可能高效的方式展示，并始终牢记以提高效率为目标。

2. 所谓服务数量，应当理解为在你能力范围内输出服务的总额，借助实践和经验，始终以获取更优的技能来提升服务总量为目标。在这里，重点再一次落在了"习惯"二字上。

3. 所谓服务精神，应当解读为友好和善、相互配合的行为"习惯"，以此激发协助者与追随者的合作。

仅仅具备了足够质量和数量的服务是不足以维持长久销售的。行为举止，或者说你在输出服务的过程中所展现出来的精神，才是关系到你所得报酬和雇佣期限的决定性因素。

安德鲁·卡耐基在谈及促成成功推销个人服务的各要素时特别强调这一点，认为它的重要性超越其他一切要素。他一再、一再、一再着重说明相互配合的行为方式的必要性。他甚至强调说，无论一个人能提供多么高质量、高效、数量丰富的服务，如果无法以相互配合的精神完成工作，他就绝不容忍。卡耐基先生坚持人应该友好和善。

为了证明他高度重视这一品质，他给予许多符合其要求的人机会，令他们变得非常富有，而达不到要求的人就只能退位让贤。

宜人个性的重要性已经被一再强调，因为它是确保人们以恰当的精神提供服务的一大要素。如果一个人拥有宜人的个性，能够以相互配合的方式提供服务，那么，这些宝贵的品质就完全能够弥补服务质量和数量上的欠缺。反过来，却没有任何东西能够成功替代宜人的行为举止。

个人服务的资本价值

完全依赖出售个人服务换取收入的人与销售日用百货的商人没什么不同，更进一步说，这样的人在行为上和出售商品的商人应当是遵循完全一样的准则。

我们提出并强调这一点是因为大部分依靠出售个人服务为生的人都误以为自己可以免于遵守这样的行为准则，并且免于承受商品销售者所需承担的责任。

出售个人服务的新途径事实上已经强行将雇主和雇员纳入了同一阵营，在买卖过程中，双方都必须学会考虑第三方——也就是他们共同为之服务的大众——的利益。

"索取者"的时代过去了，取而代之的是"给予者"。以高压方式推动的商业最终掀掉了顶盖，但永远都不需要将盖子再盖回去，因为未来的商业模式中不需要压力。

你的头脑究竟值多少钱，这一点或许取决于你能（通过销售你的个人服务）获得多少收入。对于服务兑换资本价值的合理估算，是将你的年收入乘以十六又三分之二，因为通常来说，你的年收入表现为你的资本价值的6%。年租金6%。金钱所得不会超出你的头脑价值。很多时候反倒是远远不足。

有能力的"头脑"如果配以有效的营销，是比实物商品更可取的资本形态，因为"头脑"这种资本永远不会因大萧条而贬值，也不会被偷走或花光。更进一步说，如果没有高效的"头脑"介入，商业行为中的金钱所代表的价值无异于风中之沙。

导致失败的三十大主要原因
其中有多少正在拖你的后腿？

人生最大的悲剧在于一个人认真努力过，却收获了失败，男女皆同！和少数成功者比起来，这样的悲剧存在于绝大多数遭遇失败者的生活中。

我曾有幸分析数千名男女，其中98%的人都被归为"失败者"之列。一个文明、一套教育体系竟能容许98%的人在失败中度过一生，这其中一定有什么地方出现了根本性的错误。不过我写这本书的目的不在于臧否这个世界的对错——那需要写一本篇幅数百倍于此的书才行。

我的分析研究证明了导致失败通常有三十个主要原因，累积财富则需遵循十三要素原则。在本章里，我们将给出三十个失败原因。浏览这份清单时，逐一自我对照反省，看看有多少导致失败的因素阻挡在你和成功之间：

1. 先天不利。对于先天脑力不足的情况而言，依靠后天人力能够做出的弥补微乎其微。对于这种弱点，这套哲学提供了唯一的解决方案：借助"智囊"的力量。不过，从好的方面看来，这是三十个原因中唯一无法依靠个人力量修正的。

2. 缺乏明确的人生目标。对于没有核心目标或明确努力方向的人来说，不存在成功的可能。在我分析过的人里，每一百个就有九十八个没有这样的目标，或许这就是导致他们失败的主要原因。

3. 缺乏超越平庸的激情。如果一个人漠然到毫无奋发进取之心，也不愿支付进取的代价，那我们也无法将希望带给他。

4. 教育水平不足。这个缺点是相对容易克服的。经验告诉我们，教育程度最好的人往往是那些被称为"白手起家"或自学成才的人。要拥有良好的教育水平，单单一纸大学文凭是不够的。拥有良好教育水平的人懂得如何获得自己人生所需，同时不侵害他人权益。教育所涵盖的内容不只是知识，还包括如何持续有效地运用知识。人们获得报酬，不只是因为他们懂得，更多是因为他们运用懂得的知识做了什么。

5. 缺乏自律。纪律来自自我控制。也就是说，一个人必须控制自己所有的负面品质。在控制外在条件之前，你必须首先能做到自我控制。自制永远是你需要面对的最艰巨任务。如果你无法战胜自己，你就必然被自我战胜。走到镜子面前，你就能同时看到你最好的朋友和最大的敌人。

6. 健康状况不佳。没有良好的健康就无法获得出众的成功。导致健康不佳的原因通常要归结到掌控和控制力。主要包括：

   a. 吃太多对健康无益的食物

   b. 错误的思维习惯，负面的表达习惯

   c. 错误运用或放纵性欲

   d. 缺乏必要锻炼

   e. 由于不恰当的呼吸方式，导致新鲜空气供给不足

7. 不良的童年环境影响。"嫩苗弯曲，树必不直。"很多人的犯罪倾向是童年交友不慎和坏环境作用的结果。

8. 拖沓。这是最普遍的失败原因。"老人式拖延症"躲藏在每个人的影子里，伺机破坏他成功的机会。我们大多数人在失败中度过一生，是因为我们总在等待"对的时机"来开始做某些有价值的事。不要等待。时机永远不会"刚刚好"。就从当下开始，善用你手头的一切工具，更好的工具自然会慢慢找上你。

9. 缺乏坚持。我们中的大多数人无论做什么，常常都是虎头蛇尾。有些人甚至常常会有一种倾向，就是刚一看到失败的迹象露头就打退堂鼓。百折不挠的坚持是无可取代的。将坚持当成座右铭的人最终会发现，在某一天，"老人式失

败"也终于累了，转身离开。失败扛不住坚持的力量。

10. 负面的个性。惯于以负面个性造成他人不快的人没有成功的希望。成功需要力量，力量源自众人的共同努力。负面的个性有损合作。

11. 缺乏对性冲动的控制。在所有能够促进人们行动起来的刺激中，性欲是最有力的。因为它是最强的情绪力量，它必须通过转换得到控制，转向其他渠道以发挥力量。

12. 失控的贪欲。追求"不劳而获、以小博大"的赌徒本能将千百万人推向失败。从1929年华尔街金融市场的大崩盘中即可见一斑，在那场灾难爆发之前，足有上百万人试图通过股票投机博取金钱。

13. 缺乏良好的决断力。成功者决断很快，改变很慢，不到真正必要时不会动摇。失败者决断很慢，不到必要时不做决断，改变却迅速而频繁。优柔寡断和拖延症是兄弟。如果一个出现，那另一个多半也会在。趁它们还没能把你死死绑在"失败"的轮回上之前，赶紧消灭它们。

14. 至少心怀六大恐惧之一。我们会在下文中详细讨论这些恐惧。在达成有效推销个人服务之前，你必须战胜恐惧。

15. 误择婚姻对象。这是最常见的失败原因。婚姻关系将人们紧紧联系在一起。这种关系不和谐，失败往往随之而来。它所带来的失败中充满了悲惨与不幸，这些遭遇足以摧毁一切雄心壮志。

16. 过分谨小慎微。不愿伸手抓住机会的人，往往只能接受别人挑剩下的东西，无论那是什么。过分谨小慎微和过分漫不经心一样糟糕。两者都是需要警惕的极端态度。生活本身就充满了机遇与变数。

17. 选错商业伙伴。这也是导致事业失败的最常见原因之一。在个人服务的营销过程中，人们应当尽最大努力小心选择合适的雇主，他应当能够激励同伴，同时他自己也应当是智慧并且成功的。我们会效仿关系最密切的合作者。选择一个值得效仿的雇主。

18. 迷信与偏见。迷信是恐惧的一种表现形式，也是愚昧无知的象征。始终保持开放心态的人自然无所畏惧。

19. 选错行业。没有人能在不喜欢的行业里单凭努力取得成功。在推销个人服务的过程中，最关键的一步就是要选择一个你能够全身心投入其中的行业。

20. 缺乏专注力。"万事通"鲜少能够真正精通任何一行。将你的精力集中到一个明确的主要目标上。

21. 随意挥霍的习惯。挥霍无度的人无法获得成功，很大程度上是因为他永远都在担心贫穷。首先应当养成系统性的储蓄习惯，将你收入中的一定比例拿出来作为储蓄。银行存款能够给予人强大的安全感和勇气，让你在推销个人服务时有底气讨价还价。没有钱，你就不得不被动接受对方的开价，还满心欢喜。

22. 缺乏热情。没有热情，人就没有说服力。更进一步说，热情具有感染力，拥有并且能很好控制它的人，通常在任何地方都会受到欢迎。

23. 偏执狭隘。心态"封闭"的人在任何领域都很少能走到前列。偏执狭隘意味着一个人已经停止获取知识。最具破坏性的偏狭是对宗教、人种和政治等观点分歧的不包容。

24. 无节制。最具破坏性的无节制主要体现在饮食、酗酒和性行为等方面。沉溺于其中任何一项都足以扼杀成功的可能。

25. 缺乏合作能力。生活中许多人丢掉职位、失去至关重要的机会，都是因为这一点，其他所有原因加起来也不及这一点致命。没有任何见多识广的商业人士或领导者能够容忍这个缺点。

26. 握有不劳而获的力量。（比如富人的儿女，以及其他财富继承者，条件是他们都不曾付出与之相匹配的努力）力量若非一点点亲手积累而来，往往反而会扼杀成功。突然暴富远比贫穷更危险。

27. 有意识的不诚实。没有什么能够取代诚实的品质。一个人可能出于无奈，在某种不可控的情况下一时选择不诚实，那不会造成永久的危害。可是，如果一个人在有选择的情况下刻意欺瞒，那就无可救药了。他迟早会为自己的行为付出代价，失去名誉声望，甚至失去自由。

28. 自负与虚荣。这些品质就像红灯警告，会令他人望而却步。这是成功的致命伤。

29. 以猜测代替思考。大多数人太漠然，或者说太懒惰，不愿通过认真思考获取准确的事实。他们宁愿凭着来自猜测或草率判断形成的"印象"采取行动。

30. 资金不足。这种导致失败的原因通常出现在初次创业的人身上，他们没有充足的资金储备来消化失误造成的影响，这种情况通常会持续到他们建立起一定声誉之后。

31. 在这一栏里，填上任何正在困扰你，但却没有被列入上述清单中的问题。

从以上三十条关于失败原因的描述中，我们能看到悲剧人生的影子，事实上，每一个努力过却依旧失败的人身上都有它们存在。如果能找到一个了解你的人，帮助你一起逐条对照，仔细分析这三十条失败原因，对你必将大有裨益。当然，独自完成也是好的。只是大多数人看待自己都不如旁人清晰，或许你也是其中之一。

"人类，认识你自己！"是最古老的警示[1]。如果你想成功推销商品，就得了解商品。这一点同样适用于推销个人服务。你应该了解自己的所有弱点，以便寻求彻底克服或改变之道。你应该了解自己的长处，以便在推销个人服务时能够使其成为引人注目的亮点。只有通过审慎的分析，你才有可能了解自己。

有人会在求职中暴露自己的无知荒唐。一个年轻人曾应聘一家知名企业的经理职位，他表现良好，给面试官留下了非常好的印象，直到最后，面试官问他期望获得什么样的薪水。他回答说自己心里并没有一个明确的数字（缺乏明确目标）。于是面试官说："那么我们先试用你一个星期，然后再根据你的表现调整到

1　"认识你自己"出自希腊阿波罗神庙上镌刻的"德尔斐箴言"，后被包括埃斯库罗斯、苏格拉底、柏拉图等许多人引用，从而得以广泛流传，被视为古希腊的格言警句。

合理的报酬。"

"我不接受。"求职者回答，"因为我现在的工作收入更高。"

无论你是打算在现有岗位上谋求加薪，还是考虑跳槽，首先应当确定，比起当前的收入来，你的确值更多钱。

想赚钱是一回事，人人都想赚更多的钱，可值更多的钱是另一回事！许多人误将自己"想要的"当成了"应得的"。你的财务需求或金钱欲望与你的价值毫无关系。你的价值完全取决于你的个人能力，看你能输出多少有效服务，或是你能激发他人输出多少有效服务。

盘点自身价值
你需要回答的二十八个问题

每年一次自我分析是实现有效个人服务营销的关键，就像商人每年要盘货一样。此外，这种年度分析的理想结果应当是缺点减少，优点增加。一个人一生只有三种可能：前进、原地不动、后退。显然，为人的目标应当是前进。每年一度的自我分析能够显示你是否有进步，如果有的话，进步了多少？它还能揭示你是否出现了退步。个人服务的有效营销要求一个人不断进步，哪怕进步很慢。

你的年度自我分析应当在每年年末进行，这样你就根据分析结果，整理出新一年里的改进方案。依照以下列出的问题问问你自己，请一个目光敏锐而且绝不容忍你自欺欺人的人帮忙审阅你的回答，以此完成这项工作。

个人盘点的自检问卷

1. 我是否达成了自己为今年设定的目标？（你应当有一个明确的年度目标并为之努力，以此作为主要人生目标的组成部分）

2. 我是否尽力输出了个人能力范围内质量最好的服务，其中是否还有提升空间？

3. 我是否尽力提供了个人能力范围内数量最多的服务？

4. 我的行为举止是否始终展现了和谐、合作的精神？

5. 我是否曾放纵拖延的习惯降低我的效率，如果是，程度有多严重？

6. 我是否改善了自己的个性，如果有，具体包括哪些方面？

7. 我是否坚持依照计划行事，直至计划完成？

8. 我是否在任何情况下都能迅速、明确地做出决断？

9. 我是否曾允许六大恐惧中的一项或多项降低我的效率？

10. 我是否"过分谨小慎微"或"过分漫不经心"？

11. 我和我的工作伙伴关系是否融洽，还是并不融洽？如果不融洽，我应当承担部分还是全部的责任？

12. 我是否曾因注意力不够集中而浪费任何精力？

13. 我面对万事万物的心态是否开放、宽容？

14. 我在输出服务的能力方面有什么提升？

15. 我是否曾毫无节制地放纵自己的任何习惯？

16. 我是否曾公开或私下里表现出任何形式的自负？

17. 我对待工作伙伴的方式是否能够激发他们对我的尊重？

18. 我的观点和决定是基于猜测，还是精准的分析和思考？

19. 我是否养成了预算规划个人时间、开支和收入的习惯，我的这些预算是否保守？

20. 我花费了多少原本可以做更有益事情的时间去做无用功？

21. 在接下来的一年里，我能够如何调整我的时间安排，如何改变我的某些习惯来提高效率？

22. 我是否做过任何违背良心的事，因而心怀愧疚？

23. 我在哪些方面向我的雇主／买主提供了物超所值的更多、更优质的服务？

24. 我是否曾对任何人不公正，如果有，是怎么回事？

25. 如果我是购买自己这一年所提供服务的买家，我是否会对我的所得感到满意？

26. 我是否选对了职业，如果不是，为什么？

27. 我的雇主／买家是否对我所提供的服务感到满意，如果不满意，为什么？

28. 以成功的基本原则作为标准，我现在能得多少分？（公正、坦白地为自己打分，找一个敢于直言不讳的人帮忙复核）

通读并吸收了本章所传达的内容之后，现在你可以开始着手制订自己的个人服务营销计划了。在这一章里，你能找到关于制订个人服务营销计划的每一个关键性原则的详细解说，其中包括：领导力的主要特质；导致失败领导的最常见原因；有机会发挥领导力的领域描述；各行业中失败人生的主要诱因；用于自我分析的主要问题。同时包括所有相关准确信息的全面、详尽的呈现，因为所有依靠推销个人服务来积累财富的人都需要这些信息。那些失去了财富的以及刚刚开始赚钱的人一无所有，只能靠个人服务换取财富，因此，学会如何有效地推销个人服务以实现利益最大化，对他们来说就是非常关键的。

对于各行业中所有渴望成为领导者的人来说，本章提供的信息都极其珍贵，而对于计划以个人服务换取企业或行业高管职位的人来说更是特别有益。

彻底吸收并理解这里传达的信息，能够帮助人们更好地推销其个人服务，同样也能帮助人们更懂得如何去分析他人并作出判断。对于人力资源主管、人事经理以及其他涉及选择聘用雇员、维持高效组织架构的高级管理人员来说，这些信息就是无价之宝。如果你对此有所怀疑，不妨试着回答一下前文列出的二十八个问题，以此来判断它的完善程度。即便不怀疑这番言论的正确性，也可以尝试回答，那不但有益，而且有趣。

到哪里、如何找到积累财富的机会？

我们已经分析过了财富积累的原则，有人自然会问："那么，到哪里才能找到运用这些原则的好机会呢？"很好，且让我们来一一盘点，看看美国为个人或大或小的财富积累都提供了什么。

第一步，所有人都有，请记住，我们生活在这样一个国家，所有遵纪守法的公民都能够享有思想自由和行动自由。我们大多数人从来没有好好盘点过这种自由的好处。

在这里，我们可以自由地思考，自由地选择和享受教育，我们拥有宗教信仰自由、政治自由，我们可以自由地选择行业、专业或工作，自由地、没有任何干扰地积蓄和拥有我们所能积累的一切财富，自由地选择我们居住的地点，自由地结婚，自由地享有种族平等，自由地从一个州旅行到另一个州，自由地选择食物，自由地为了我们自己选定的任何人生目标而努力，哪怕那个目标是想当美利坚合众国的总统。

我们还拥有其他形式的自由，但这里只给出一个提纲挈领的全观视野，它们共同构建了最高序列的机遇。这种自由的好处显而易见。

下一步，我们要再次数一数如此广泛的自由为我们带来的福泽，它们就握在我们的手心里。以普通美国家庭为例（也就是说，普通收入水平的家庭），我们将总结一下，在这片充满机遇的富饶土地上，每个家庭成员所享受到的福利！

a. 食物

就自由的优先级而言，仅次于思想和行动的就是食、衣、住三项最基本的生存需求。

由于我们享有的普遍自由，普通美国家庭在家门口就能找到来自世界各地的、最丰富的食物选择，并且价格合理。

一个两口之家，住在纽约市中心城区的时代广场区域，远离所有食品产地，仔细算算他们一顿简单早餐的花销，我们会看到这样一个惊人的结果：

食品种类	早餐花费
葡萄柚果汁（来自佛罗里达）………………………………	0.02
早餐麦片（来自堪萨斯农场）……………………………	0.02
茶（来自中国）………………………………………………	0.02
香蕉（来自南美）…………………………………………	0.025
烤吐司（来自堪萨斯农场）………………………………	0.01
新鲜土鸡蛋（来自犹他州）………………………………	0.07
糖（来自古巴或犹他州）…………………………………	0.005
黄油和奶油（来自新英格兰地区）………………………	0.03
总　计	0.20

在这样一个国家，要得到这些食物并不困难，两个人可以
在一顿早餐里吃到一切他们喜欢或是需要的食物，而花费仅仅
是人均十美分！仔细观察这样一份简单的早餐，借助某种神奇
的魔法（贸易），它将来自中国、南美洲和美国本土犹他州、堪
萨斯州、新英格兰地区 [1] 的食物一并送上美国人口最多的城市
最中心区域的早餐桌，只待享用，哪怕最卑微的劳动者都能负
担得起这一花费。

其中还包含了所有联邦、州和城市的税费！（这里有一个

1　　新英格兰地区即包括美国东北部六州在内的区域，分别是：缅因州、佛
蒙特州、新罕布什尔州、马萨诸塞州、罗德岛和康涅狄格州。

政客们不曾提及的事实，哪怕是在他们高声呼吁选民将他们的竞争对手赶下台时也一样，那就是人民承担着高得要命的税负）

b. 住房

这个家庭居住在一套舒适的公寓里，有锅炉供暖，有电灯照明，有燃气供烹饪，所有花销为每月六十五美元。在较小的城市或纽约市较偏僻的区域，同样的公寓价格可以低至月租二十美元。

他们早餐时吃的吐司是放在电吐司炉里烤出来的，一台机器售价几美元，公寓清洁用到的是电力驱动的吸尘器。厨房和浴室里随时供应热水和冷水。用来为食物低温保鲜的冰箱也是用电的。妻子卷头发、洗衣服、熨衣服都要用到操作简便的电器设备，只要把插头插进墙上的插座里就能通电。丈夫用电动剃须刀刮胡子。只要愿意，夫妻俩一天二十四个小时都能收听到全世界的娱乐节目，不用另外付费，只要转动收音机旋钮就好。

这套公寓里还有其他便利设施，但仅仅是以上清单就已经足以提供确凿的证明，让人们对我们所有美国人享有的自由勾勒出大概的轮廓了（这绝非政治宣传或经济鼓吹）。

c. 服装

无论在美国什么地方，每年两百美元的花销就足以满足美国的女人们穿衣打扮的需求，确保她们能够穿得非常舒服、整洁漂亮，男士的衣着消费也差不多，甚至更少。

这里只讨论了衣、食、住三大基本需求。任何一个普通的美国公民都能享受到更多的便利与福利，所需付出的只是适当的努力，也就是每天不超过八小时的劳动。其中就包括汽车交通的便利，有了它，人们就能以非常低廉的花销，任意穿梭往返各地。

普通美国人还能享受到财产权保障。他可以把余钱存进银行，政府会负责保护它们，就算万一银行倒闭，政府也会做出赔偿。如果美国公民想要从一个州到另一个州旅行，他不需要护照，不需要任何人批准。他可以高兴什么时候出发就什么时候出发，也可以随意选择返程时间。此外，他还可以选择搭乘火车、私家汽车、长途巴士、飞机或轮船，只要他的钱包允许。无论在德国、俄罗斯、意大利以及大多数欧洲国家还是东方国度，人们都无法以这样少的花销这样自由地旅行。

提供这些幸福的"魔法"

我们常常听到政治家们宣扬美国的自由，通常是在争取选票的时候，可他们中却很少有人拿出时间或精力来分析这种"自由"的来由或本质。在此，我不怀他意，不带嫉恨，也没有什么不可告人的动机，只是有幸对这种神秘、抽象、被误解很深的"东西"展开实事求是的分析，正是这种"东西"为每一个美国公民带来了比世界上任何其他国家都更加多的幸福、积累财富的机会和各种各样的自由。

我之所以有权对这种看不见的力量展开分析，是因为我了解许多这种力量的构建者，以及如今仍在负责维持其存续的人，我对他们的了解已经持续至少四分之一个世纪了。

人类的这位神秘恩人的名字就叫作：资本！

资本所涵盖的内容不只是金钱，更包括具备高度组织和智慧的人类群体，他们制订计划，选择方法和途径，有效运用金钱来为大众谋福利，同时也为自己赚取收益。

这些群体包括科学家、教育工作者、化学家、发明家、商业分析师、传媒从业者、交通运输业专家、财会人员、法律工作者、医生，以及在工业和商业领域具备高水平专业知识的所有男性和女性。他们在新的领域里奋力开拓、试验、垦荒辟路。他们支撑着大学、医院、公立学校；他们修筑公路，出版报纸，支付大部分的政府开支，关注人类进步的众多关键细节。简而言之，资本家是人类文明的大脑，因为所有关乎教育、启蒙和人类进步之广厦的部件都是他们提供的。

缺乏"头脑"掌控的金钱永远是危险的。如何正确运用金钱是人类文明中最重要的核心问题。上文中提到的那顿简单的早餐，若是没有资本通过有组织的运作来提供机械、商店、铁路的发展，并且训练人们学会运作他们的庞大军团，就绝不可能出现在纽约人家的餐桌上，无论花销是人均十美分，还是其他任何价格。

尝试想想看，如果没有资本的帮助，要完全靠你一己之力承担搜寻这样一顿简单早餐中所有食物的任务，并将它们送到纽约市的家庭餐桌上，那会是怎样一番情形。或许这能够帮助你对组织资本的重要性稍许有点概念。

要找到茶，你得跑一趟中国或印度，两者距离美国都非常遥远。除非你是个绝佳的游泳选手，否则不必等到回程你就已经累趴了。此外，你还要面对其他问题。就算你真的拥有能够横渡太平洋的体魄，对于金钱成本你又有什么打算呢？

要找到糖，你还得再游一段漫长的距离到古巴，或者步行一段长路到犹他州的甜菜产区。可即便如此，你也未必能带回糖来，因为糖的生产同样需要有组织的努力和金钱，更别提后面的精炼、运输和送达美国家家户户的早餐桌上这一系列后续步骤了。

说到鸡蛋，这个容易一点，也许在纽约市附近的谷仓院子里就能找到。不过要弄到两杯葡萄柚汁，你依然还得靠双脚长途跋涉到佛罗里达再回来。

到这里还没有结束，还有一段长途跋涉在等着你，你得前往堪萨斯或者其他某个盛产小麦的州，去寻找四片小麦面包。

至于麦片，就不得不从餐单上去掉了，因为没有训练有素的人和配套的机械就没有它们，这些全都需要资本。

趁着休息的空当，你可以下水出发，游上一段相对比较短的距离前往南美洲。你可以在那里找到几根香蕉，然后在返程时顺便绕个道，步行到最近的农场去找些乳制品，弄点儿黄油和奶油。到这个时候，你的纽约一家人就可以准备好坐下来享受早餐了，你也可以凭着自己的辛苦奔走省下二十美分！

看上去很荒唐，不是吗？是的，如果没有资本体系，想要这些简单的食物出现在纽约市中心，上面描绘的场景就是唯一可能的办法。

而现在，我们利用铁路系统和蒸汽船舶来运送这顿简单的早餐，其修建和维护费用的总额是个超乎想象的巨大数字。总计投入上亿美元，其中还不包括从业人员的人力成本。但是，要支撑如今资本体系下的美国现代文明，交通运输还只是若干支柱中的一根。在有商品可买之前，还得有东西从地里长出来，或是有原料在工厂里加工，为出售做好准备。这又需要百万美元的设备、机械、包装、市场和数百万人的报酬等资金投入。

蒸汽船舶和铁路不会自己从地里长出来，开始工作。它们是对文明召唤的回应，借助一部分人的劳动、创造和组织能力实现。这些人拥有想象力、信念、热情、决断力和毅力！这些人被称为"资本家"。他们在欲望的驱动下建造、搭建、实现和输出有用的服务，赚取利润，积累财富。他们输出服务，没有这些服务就没有文明的存在，就这样，他们同时也就将自己带到了通往巨大财富的道路上。

只是为了让这部分内容更加简单，更易于理解，我要补充一句，这些资本家也是我们大多数人都见过的在简单讲台上发表演说的那些人。他们也是被激进、专行敲诈勒索之事、狡诈的政客和贪污牟利的劳工领袖称为"吸血鬼"和"华尔街"的那些人。

我无意在这里对任何人群或任何经济体系表示支持或反对。用到"贪污牟利的劳工领袖"时我无意谴责联合谈判、讨价还价这种形式，也并不打算给每一个被称为"资本家"的人开出"健康证明"。

这本书的目的，也是我抱持着信念为之奉献了四分之一个世纪的目标，就是将结论展现在所有希望收获知识，希望了解最可靠的致富哲学的人面前，这种哲学能够帮助个体积累到他/她所希望拥有的财富，无论数额是多少。

我在这里分析了资本在经济方面的优势，旨在说明两点：

1. 存在一个体系，它掌控着一切通往财富（无论大还是小）的途径，所有追求财富的人都必须承认这个存在，并调整自我以适应它。
2. 掀开政治家和煽动者们的底牌给大家看，告诉大家，这些人在公众面前刻意混淆视听，抹黑有组织的资本，说得它们好似毒药一般。

美国的发展来自对资本的运用，我们这些声称有权分享自由和机遇的福利的人，我们这些寻求积累财富的人，也许同样明白，如果没有组织资本所提供的便利，无论财富还是机会都无从谈起。

近二十多年来，在激进分子、追逐私利的政治家、骗子、狡诈的劳工领袖、偶尔出现的宗教领袖等群体中，炮轰"华尔街、金融放贷者和大企业"已经成了某种流行的消遣，而且还有愈演愈烈之势。

这种行为如此普遍，我们甚至在商业大萧条期间目睹了令人瞠目结舌的一幕，政府高官与廉价政客、劳工领袖们排着队地公开呼吁，要把成功将美国打造成为地球上最富裕国家的这套系统扼杀。这样的队伍太多，太有组织，将这个国家前所未见的大萧条生生拉长了许久。代价却是上百万人赖以为生的工作，因为他们的工作是这套工业和资本体系中密不可分的部分，而这套体系恰恰是这个国家的支柱。

在这样一场政府官员与自私个体（他们明里宣称要"开放"现有的美国工业体系，暗地里却以此为借口拼命牟取私利）的不寻常联盟中，有一类劳工领袖为政客们带来助力，还奉上选票以支持立法，要求允许人们可以抛开工业产业，仅仅凭借组织利用数字的力量来获取财富，以取代更好的"干一天活拿一天合理工资"这样的制度。

遍布这个国家的上百万人如今依然乐此不疲参与这项流行的游戏，试图不劳而获。其中一些人联合了工会，强烈要求缩短工作时间，同时增加报酬！另一些人则根本懒得花费气力去工作。他们直接申请政府救济，并且总能得逞。他们所理解的自由的权利，就是可以在纽约示威，以有案可查的暴力对邮政局长提出抗议，因为这一群"救济金享受者"不满意邮递员早上七点半就来送救济金支票，把他们吵醒，他们要求把递送时间改到上午十点。

如果你也相信只要联合起来要求更少工作、更多报酬就能积攒财富，如果你也要求政府提供救济却不能一早送钱来打搅你睡觉，如果你也认为应当把选票卖给政客来换取公然允许公众利益遭到掠夺的法律法令得以通过，没问题，你大可以抱着你的信念安然大睡，你可以放心地知道，没有人会来打搅你，因为这是一个自由的国家，在这里人人都可以有自己的想法，在这里几乎人人都可以付出很少努力就生存下去，还有很多人什么都不做也活得很好。

但无论如何，你有权知道有关这种被无数人鼓吹的"自由"的全部真相。只是了解真相的人太少了。那就是，无论它多么了不起，无论它走出了多远，无论它能够带来多少优待，有一点是确定的，不付出努力，它不会也绝不可能带来财富。

唯有一种方法可以让人积累并合法地拥有财富，那就是输出有用的服务。世上从来就没有一种体系可以允许人们仅仅借助数字的力量就轻松获取财富，更别说完全不以这种或那种形式支付对等的价值了。

有一种法则，叫作"经济规律"！它比原理更强大，是无人可以抵抗的法则。

把这项法则的名字标记出来，记住它，因为它远比一切政客和政治机器更加强大。它是超越并且凌驾于一切工会之上的。它不会被动摇，不会被影响，不接受贿赂，无论发起进攻的是骗子还是谋私利的领导者，无论他们打出的是什么名义。除此之外，它还有一只明察秋毫的眼睛和一套完美的记账系统，它会为每个忙着不劳而获的人出具精确的账目报表。或早或晚，它的审计员会出现，审查每一个人的账目记录，清算账单，无论那个人是伟大还是渺小。

"华尔街、大企业、资本家吸血鬼"，不管你选择用什么名字来指代这套系统，我们所享有的美国式自由都是它所赋予的，能够理解、尊重并努力遵守这个强有力的经济法则的人群都是它的代表！他们的金融王国是建立在他们对法则的尊重之上的。

大多数生活在美国的人都喜爱这个国家，喜爱它的资本体系和一切。我必须承认，我不知道有哪个国家比这一个更好，有哪个国家能够给人们提供更多的致富机会。这个国家里也有不喜欢它的人，这一点从他们的行为举动里就能看得出来。这当然是他们的权利，如果他们不喜欢这个国家，不喜欢它的资本体系和它无穷的机会，他们有权离开！总有别的国家，比如德国、俄罗斯、意大利，能够让人尝试享受自由、积累财富的味道，前提条件是这个人不太挑剔。

美国为所有诚实的人提供了积累财富的一切自由和机会。人们狩猎时会选择猎物丰富的猎场。追寻财富自然也适用同样的原则。

如果你所追求的正是财富，不要忽视这样一个国家所能提供的可能性，这个国家的居民十分富有，单单女性在口红、胭脂和其他化妆品上的消费就能达到每年两百万美元。在这个国家，人们每年花在购买贺卡上的费用就超过五千万美元，他们用这些小小的卡片来表达他们对生活的感激！那么，你，身为一个追寻财富的人，在动手试图摧毁这样一个国家的资本体系之前，还请三思。

如果你追求的正是金钱，仔细想想这样一个国家，它的烟草消费额高达每年数十亿美元，而所有收入都归于主要的四家公司，它们满足了这个国家的建设者们"冷静一下"和"安抚焦虑紧张"的需求。

还请务必充分考虑到，这个国家的人民每年会掏出至少一千五百万美元享受看电影的权利，另外还会扔出数百万美元买酒、麻醉品，以及其他劲道不那么强的软饮料和"欢乐水"[1]。

也不要太过匆促地离开这样一个国家，它的人民愿意甚至是

---

[1] 美国二十世纪二三十年代的用语，用以指代酒精度较低的葡萄酒、起泡酒或鸡尾酒。

急不可耐地掏出每年上百万美元，去看橄榄球赛、棒球赛和各种大奖赛。

相反，你应该尽全力支持这样一个国家，它的居民们每年要拿出一百万美元来嚼口香糖，另外再拿出一百万美元来购买安全刮胡刀。

此外，还请记住，这一切只是可供积累财富的诸多渠道中的一小部分。我们几乎还没提到奢侈品和大多数非生活必需品。但是，别忘了，生产、运输和销售这种种商品的行业为好几百万人提供了稳定的工作岗位，让他们能凭借自己提供的服务，得到每月数百万美元的报酬，可以随心所欲地将这些钱用在购买奢侈品和生活必需品上。

尤其需要记住的是，在所有这些涉及商品和个人服务的交换背后，都隐藏着大量可供积聚财富的机会。这就是我们的美国式自由给每个人的帮助。没有什么能阻碍你或任何人投身其中，去付出从事这些行业的必要努力。如果一个人拥有优秀的天分，经过了良好的训练，积累了丰富的经验，那么他就能慢慢积累起巨大的财富。而不那么幸运的人也有机会积累起稍微小一些的财富。人人都能用自己的劳动换取等额回报，享受生活。

所以，行动起来吧！

机遇已经将它的货品摊开在你面前。走上前去，挑选你想要的，制订你的计划，执行这个计划，拿出毅力坚持下去。"资本主义"的美国会完成剩下的工作。你可以放心信赖这一点——资本体系下的美国会确保每个人都有机会输出有用的服务，并为这些服务结算对应价值的财富。

这套"体系"不会剥夺任何人的这项权利，但它同样不会，也无法承诺无中生有的利益，因为这套系统本身也受到经济法则的约束，经济法则不会鼓励也不会容忍长时间的不劳而获。

经济法则是得到了自然认可的！再也没有更高等的法庭能够受理违背法则的人的上诉了。这条法则不但对违规者施以惩罚，也对尊奉者给予奖赏，不受任何人为力量的干扰。它不会废止。就像宇宙群星，它也是掌控群星的宇宙体系中的组成部分。

那么，人们能否拒绝改变自己去遵守经济法则呢？

当然！这是个自由的国家，在这里，所有人生来享有平等的权利，其中就包括了蔑视经济法则的权利。

那么接下来会如何呢？

嗯，什么也不会发生。直到足够多的人加入呼吁漠视法则、凭强力予取予求的势力中。

然后，随之而来的就是独裁，带着组织有素的枪炮和军队！

美国如今还没走到这一步！可是对于那样一套体系是如何运作的，我们所有人都听说过。也许我们足够幸运，不需要亲身体验那样可怕的现实。毫无疑问，我们当然更愿意继续享有我们的言论自由、行为自由和输出有用服务来换取财富的自由。

像政府官员那样纵容某些人侵害公众财富以换取选票的行为，有时候在选举当时是有效的，但当白天过去，黑夜降临，最终的清算终将到来。每一分运用不当的金钱都要得到偿还，利息叠加着利息。如果那些攫取利益的人没有被迫偿还，那么，负担就会落到他们的孩子身上，也许还有孩子的孩子，"甚至延及第三、第四代"。这样的债是无从逃避的。

有时候，人们可以联合起来要求增加薪水、减少工作时间，但有一个界限是不容他们越过的。触及界限，经济法则就将介入，无论雇主还是雇员都将被执法者捕获。

从1929年到1935年的六年间，美国人没少看到"经济老大哥"如何将所有工商企业和银行一一移交到执法者手中。那绝不是什么美妙的场景！那不会增加我们对乌合之众心态的尊重，这种心态不过是人们扔出来的借口，为的只是不劳而获。

那是令人气馁的六年，恐惧高悬，信念坠地。所有经历过这六年的人都不会忘记，经济法则是如何无情地审查清算，无论富裕还是贫穷，无论孱弱还是强壮，无论年老还是年轻，没有人能逃脱。我们应该都不会希望再经历一次这样的生活。

这些结论并非来自短期的观察体验。它们是二十五年审慎研究分析的成果，研究对象是全美国已知的最成功和最不成功的人。

8 | 决断
DECISION

战胜拖延症
通往财富宝藏的第七级台阶

　　我曾精准分析了超过两万五千名曾遭遇失败的男性和女性，结论显示，在三十种导致失败的原因中，缺乏决断力几乎可以排在首位。这并非仅仅出于推测——这是事实。

　　拖拉是决断力的对立面，也是每个人都必须克服的公敌。

　　读完这本书，你就将有机会验证自己是否具有快速做出明确决断的能力，同时也就已经做好了准备，要将书中讲述的要素付诸实践。而另一项以数百名顺利积攒到百万以上身家的人为分析对象的研究结果却显示，他们每个人都习惯于迅速做出决断，却在考虑改变这些决断时显得很谨慎，即便要改，改得也很缓慢。没能成功积累金钱的人却恰恰相反，他们做决断很慢，不到万不得已不会下定决心，改变起来却又快又频繁，无一例外。

　　亨利·福特最出色的品质之一就是他习惯于迅速做出明确的决断，而且一旦决断做出，就很少随意改变。这个品质在福特先生身上非常明显，甚至于让他得到了"顽固"的名声。正是这一点让福特先生坚持一直生产他著名的福特 T 型车（世界上最丑的车），哪怕他所有的顾问和许多购买过这款车的用户都催促他做出改变。或许福特先生在改变生产车型的事情上是拖得太久了一点，但换个角度看，在不得不更新换代产品类型之前，福特先生的固执为他赚到了巨大的财富。毫无疑问，福特先生做决断的习惯里多少有些固执的成分，但这也远远好过优柔寡断又朝令夕改。

大部分没能积累到所需金钱的人通常都很容易受到其他人"意见"的影响。他们允许报纸和"飞短流长"的邻居们代替他们"思考"。"意见"是地球上最便宜的商品。人人都有一大堆意见等着扔给愿意接受意见的人。如果做决断时受到了"意见"的影响，那你绝不可能在任何事业上取得成功，更不用说将你自己的欲望转化成金钱了。

如果受到他人意见的影响，你就不会有自己的欲望。

当你开始将这里谈到的各项原则付诸实践时，保留自己的判断，得出自己的决断，然后遵从它们。别让任何人干扰你的信心，除非他是你的"智囊团"成员，选择"智囊团"成员时要非常确定，你选择的人能完全赞同你的目标，愿意与你勠力同心。

尽管不是有意为之，关系密切的朋友和亲戚常常会以自己的"意见"，有时甚至是并无恶意的玩笑奚落来妨碍你。成千上万的男性和女性背负着自卑感度过了一生，只因为总有些善意却无知的人用"意见"和奚落来摧毁他们的信心。

你有自己的头脑与理智。好好运用它，做出你自己的决断。如果你需要借助他人提供的事实或信息来做决定（你可能常常遇到这样的情况），那就直接询问你所需要的信息和事件，不要谈论你的目的。

有一类典型的人，他们拥有一些肤浅的或一知半解的知识，却总是试图让人觉得他们很渊博。这种人通常说得太多，却听得太少。如果你想养成干脆利落有决断的习惯，那么，多看多听，闭上你的嘴。如果你说的比听的多，你就会丧失许多积累有用知识的机会；而如果你还同时把自己的计划和目标告诉人们，那他们就会借机打击你获得巨大的愉悦，因为他们其实在嫉妒你。

此外，还要记住，每一次在真正有才学的人面前开口，你都是在向他们展示你肚子里究竟有多少存货，也就是说，你有可能是在自揭其短！真正的智者往往都是谦逊沉默的。

别忘了，就像你自己一样，每一个与你发生联系的人也同样都在寻找赚钱的机会。如果太随意地将你的计划公之于众，或许有一天你会吃惊地听到另外某个人抢先行动，执行了那份被你到处谈论的计划，将你打败。

你的第一个决断就应该是：闭上嘴，睁开眼睛，张开耳朵。

为了提醒自己做到这一点，一个能够有所帮助的做法是将下面的警句抄下来，写得大一些，放在你每天都能看见的地方：

"先做再说，用行动告诉世界你要做什么。"

这句话相当于另一句俗语："重要的是行动，而非言语。"

来自决断的自由或死亡

做出决断所需要的勇气决定了决断的价值。一个又一个伟大的决断组成了文明的基石，它们常常伴随着巨大的风险，甚至意味着死亡的可能。

林肯决定发表他著名的《解放黑人奴隶宣言》（正是它为美国的有色人种群体带来了自由）时，完全明白这个行为会将成千上万名他的朋友和政治支持者推到对立面。他也知道，要想实现这份宣言，就意味着成千上万人将死在战场上。直到最后，它索取了林肯本人的生命作为代价。这是有勇气的决断。

苏格拉底决定饮下毒酒，宁死也不妥协地坚持个人信仰。这是有勇气的决断。这个决断为后世的人们带来了自由思考、自由发表言论的权利，将这一历史进程提前了整整一千年。

罗伯特·爱德华·李将军[1]走到与联邦分道扬镳的路口，做出发起南方邦联的决断，也是一个有勇气的决断，因为他很清楚，这很可能会以他自己的生命作为代价，同时必然会夺取其他无数人的生命。

然而，就与美国息息相关的决断而言，整个历史上最伟大的决断要回溯到1776年7月4日的费城，在那个时刻，有五十六人在一份文件[2]上签下自己的名字，他们很清楚，这个举动要么为所有美国人带来自由，要么就是将这五十六个人统统送上绞刑架！

你必然听说过这份著名的文件，但或许还没有发现其中有关个人成就的重要课程，事实上，那是早已明明白白告诉过你的。

---

[1] 罗伯特·爱德华·李将军（Robert Edward Lee，1807—1870），美国南北战争时期南方军最高统帅，极具声望的军事家。
[2] 即《独立宣言》，宣告北美洲十三个英殖民地脱离英国独立，是美国最重要的建国文件之一。

我们都记得这个重要决定面世的日期，很少有人意识到做出这个决断需要怎样的勇气。我们背得出我们的历史，就像课堂上教的那样；我们记得日期和斗士们的名字；我们记得福吉谷和约克镇；我们记得乔治·华盛顿和康沃利斯勋爵[1]。可我们很少了解这些人名、日期和地名背后蕴含着怎样真正的力量。我们同样不太了解，早在华盛顿的军队远未抵达约克镇之前，还有一种无形的力量在保护我们享有自由。

　　我们读独立战争的历史，误以为乔治·华盛顿是我们的国父，以为是他为我们赢得了自由，然而，真相是华盛顿只是那真实存在的无形力量的附骥者，因为早在康沃利斯勋爵投降之前很久，他的军队就注定了会取得最后的胜利。这样说，不是要夺走华盛顿的荣耀，他理所应当享有它们。这么说的目的，更多是为了将大家的注意力引向那场胜利的真正原因，引向那惊人的力量。

　　编撰历史书的人忽视了这股不可抗拒的力量，对此只字未提，这简直是场悲剧。正是这股力量给予了这个国家生命与自由，注定了它要建立起全人类的独立新标准。我之所以称之为悲剧，是因为每个人在解答生活给出的难题并逼迫生活给予回报时，所需要的正是完全相同的力量。

　　让我们来简单回顾一下孕育这种力量的重大事件吧。故事开始于1770年3月5日波士顿的一次意外。那时英国士兵走在街上，

1　康沃利斯勋爵（Lord Cornwallis, Charles Cornwallis, 1738—1805），全称"查尔斯·康沃利斯，第一代康沃利斯侯爵"，美国独立战争中英军统帅，在1781年约克镇战役后率战败的英军投降，被视为独立战争结束的标志。

大摇大摆，公然欺压威胁市民。殖民地的居民憎恨这些身佩武器的人走在他们中间。这一次，他们公开表达了心中的憎恨，他们向行进的士兵们投掷石块，愤怒叫骂，直到带队军官发出命令："上膛……开火！"[1]

战斗开始了，多人出现伤亡。这场冲突引爆了人们的怨气与愤恨，地方委员会（由杰出的殖民地居民组成）甚至出面召开会议，以求能够采取明确行动。委员会中有两名成员，分别是约翰·汉考克和塞缪尔·亚当斯——他们的名字永垂不朽！他们勇敢地站出来说话，宣称发起一场将英军彻底赶出波士顿的行动势在必行。

记住这一点：这样一个出自两个人头脑中的决断，很可能就是我们美国人如今享有的自由之肇始。也请记住，这两个人能够做出这样的决断，少不了信念和勇气的支撑，因为其中蕴含着危险。

在委员会休会之前，塞缪尔·亚当斯受命拜访殖民地总督哈钦森，要求英国军队撤离。

要求得到了批准，军队撤出了波士顿，但事件并非到此为止。它所造成的形势注定会改变整个文明的进程。不奇怪吗？重大变革的发端往往是看似无足轻重的小事，就像美国独立战争，就像世界大战。同样有趣的是，你可以观察到，这些重大变革的最初表现形式通常都是某一小群相关人物头脑中做出的一个明确决断。我们很少有人能看清这个国家的历史，能认识到约

1　即美国历史上的"波士顿惨案"，也称"波士顿大屠杀"。冲突导致5人死亡，6人受伤，消息迅速传开，当时总人口仅1.7万人的波士顿汇聚了5万人前来为亡者送行，最终逼迫英军撤出波士顿。

翰·汉考克、塞缪尔·亚当斯和理查德·亨利·李[1]（弗吉尼亚州州长）才是我们真正的国父。

　　理查德·亨利·李在这个故事中扮演着重要的角色，因为他和塞缪尔·亚当斯常常书信往来，讨论他们各自省份人民的福利，自由地分享他们对此的恐惧和希冀。就是在这样的书信往来中，亚当斯想到了一个点子：如果在十三个殖民地之间保持通畅的通信往来，也许能有助于统合各地应对各自问题的努力，找出大家都急切寻求的解决方案。就在波士顿那场居民与英国士兵冲突的两年之后，也就是1772年3月，亚当斯将这个想法呈交委员会，提议成立各殖民之间的通讯委员会，每个殖民地明确指派一名联络员，"以实现基于美洲英国殖民地状况改善行动的友好合作"。

　　好好记住这个事件！从这一刻起，那注定要给予你我自由、曾经广布寰宇的力量开始凝结。"智囊团"组成了。成员包括亚当斯、李和汉考克。"我又告诉你们：若你们中间有两个人在地上同心合意地求什么事，我在天上的父必为他们成全。"[2]

1　理查德·亨利·李（Richard Henry Lee，1732—1794），美国政治家，开国元勋之一，在第二届大陆会议上提出北美殖民各州应当脱离英国独立，直接导致了《独立宣言》的诞生，他是《独立宣言》和美国第一部宪法《十三州邦联宪法》的签署人。曾出任弗吉尼亚州参议员，但并未担任过州长。约翰·汉考克（John Hancock，1737—1793），第二届大陆会议主席，《独立宣言》第一个签名者。塞缪尔·亚当斯（Samuel Adams，1722—1803），美国独立运动领袖，美国开国元勋之一，美国共和主义原则的缔造者之一，在大陆会议的组织和相关文件起草中贡献很大，是《独立宣言》的签署人之一，也是美国第二任总统、《独立宣言》起草人之一约翰·亚当斯的堂兄。
2　出自《圣经·新约·马太福音》。

通讯委员会成立了。请留意一点，这次行动提供了一种为"智囊团"注入能量的方法，那就是选贤与能，集合所有殖民地的人力。也别忘了，这是所有心怀不满的殖民地携手开启的第一项精心组织、安排的计划。

团结就是力量！殖民地居民此前早有反抗英国士兵的行动，都是跟波士顿之乱差不多的偶发事件，没有组织，也没带来任何好处。没有一个"智囊团"出面将每个人的怨气整合起来。没有某个群体将其中每一个成员的心、脑、灵魂和身体整合起来，令他们跟从一个明确的决断，去一劳永逸地解决同英国之间的问题。直到亚当斯、汉考克和李携起手来。

同时，英国人也没有闲着。他们站在自己的立场上，也在制订某种计划，组建"智囊团"集思广益，而他们的优势在于有钱、有军队。英国国王指派盖吉取代哈钦森出任马萨诸塞总督。新总督首先采取的行动之一就是派人去见塞缪尔·亚当斯，打算通过恐吓，尽力制止他的反抗。

为了更好地领会当时究竟发生了什么，我们不妨直接引用科尔·芬东（盖吉的信使）和亚当斯之间的对话：

> 芬东："我受盖吉总督指派，向您，亚当斯先生，做出承诺，总督已经得到授权，可以授予你绝对足够令人满意的利益（这是对亚当斯诱之以利），前提条件是，你承诺停止反对政府的行为。先生，以下是总督先生对你的劝告：不要再引起陛下的不满。如今你这样的行为足够让你受到《亨利八世法案》的惩罚，根据法案，英国政府有权将人带回英国受审，对叛国罪以及包庇叛国罪

做出判决，一切都取决于总督。然而，只要改变你的政治路线，不但您个人能得到巨大的好处，还能与国王陛下达成和解。"

两个决断放在塞缪尔·亚当斯面前。他可以停止反抗，接受贿赂，求取个人利益；也可以继续，承担上绞刑架的风险！

很明显，那时候的亚当斯不得不迅速做出决断，这个决断同时也将决定他的一生。绝大多数人都会发现要做这样一个决断有多难。大多数人都会给出一个含糊其词的搪塞回答，但亚当斯没有！他坚持要求科尔·芬东以荣誉起誓，将他的回答原封不动地转告给总督。

亚当斯的回答是："那么，你可以告诉盖吉总督，我相信，我早已与众王之王达成了和解。个人利益不会让我背叛我祖国的正义事业。此外，还请转告盖吉总督，以下是塞缪尔·亚当斯对他的劝告：不要再侮辱愤怒者的感情。"

评价这样一个人的人品性格看来毫无必要。对于所有读到这样惊人话语的人来说，有一点应该非常明显：说话人保有最高的忠诚。这才是重点。（骗子与不诚实的政客玷污了像亚当斯这样的逝者留下的荣耀）

盖吉总督得到亚当斯针锋相对的答复后，勃然大怒，签发了一项公告，称："在此，我以国王陛下的名义，向所有立刻放下武器、回归工作岗位维护和平的人，发布陛下最仁慈的赦免令，但塞缪尔·亚当斯和约翰·汉考克不在赦免之列，他们的罪行性质极其恶劣，理应予以其应得的惩罚，绝不宽恕。"

亚当斯和汉考克可以说是"情势危殆"！愤怒的总督发出威

胁，逼迫两人做出另一个决断，一个同样危险的决断。仓促之下，他们召集他们最坚定的追随者开了个会（到这里，"智囊团"开始发挥作用）。人员到齐后，亚当斯反锁房门，把钥匙放进自己口袋，告诉现场所有人，召开殖民地会议已经刻不容缓，在没有就此做出决议之前，任何人都不能离开这个房间。

会议室里沸腾了。有人在权衡这种激进行为可能导致的后果（老人式恐惧）。有人严重质疑像这样明确地无视英国王室是否明智。在这间上了锁的房间里，只有两个人夷然不惧，完全不考虑失败的可能性。那就是汉考克和亚当斯。在他们的影响下，其他人被说服了，同意借助通讯委员会召开一场这样的会议，这就是第一次大陆会议，于1774年9月5日在费城召开。

牢记这个日子。它比1776年7月4日更重要。如果没有举办大陆会议的决断，也就谈不上后来《独立宣言》的签署。

就在这全新的大会第一次召开之前，另一个运动领袖正在这片土地的另一个地方，深陷他的著作《英属美国的民权概观》（以下简称《民权概观》）出版所带来的麻烦中。那就是身在弗吉尼亚州的托马斯·杰斐逊，跟汉考克、亚当斯与马萨诸塞总督的关系一样，他与邓莫尔勋爵（英王在弗吉尼亚州的代表）的关系也非常紧张。就在他著名的《民权概观》出版后不久，杰斐逊被告知，他将以背叛英王陛下政府的叛国罪名遭到起诉。听闻这样的威胁，杰斐逊的一位同事帕特里克·亨利不平而鸣，大胆说出了他的心声，他的发言可以用一句应当被永远奉为经典的话概括："如果这是叛国，那就干脆一叛到底。"

正是这样一些人，没有权力，没有势力，没有军队，没有钱，却坐在关乎这些殖民地命运的庄严会议桌前，开启了第一次大陆会议，并断断续续坚持了两年时间，直到1776年6月7日，理查德·亨利·李出现，坐上主席位，向胆战心惊的大会发表了下面这项提议：

先生们，我提议，这些联合殖民地理应成为，而且有权成为自由、独立的州，解除对英国王室的所有忠诚，各州与英国之间的所有政治关系也应一并完全解除。

李这项令人震惊的提议立刻激起了热议，讨论却长到让人开始失去信心。经过好几天的讨论之后，终于，李再一次站到台前，用响亮、坚定的声音说："主席先生，我们已经就这个问题讨论了很多天。这是我们唯一可走的道路。既然如此，先生，我们为什么还要拖延下去？为什么依然瞻前顾后？就让这个好日子成为美利坚合众国诞生的日子吧。让她成长，不为破坏，不为政府，只为重建和平和法治。欧洲的眼睛紧盯着我们。她要求我们树立一个活的自由榜样，她将向世人展示，自由公民的幸福快乐与日益增长的暴政是如何背道而驰的。"

在提议最后投票之前，李就因为严重的家族问题被召回了弗吉尼亚，但在离开前，他将自己的理想交托到他的朋友托马斯·杰斐逊手中，后者发誓会奋战到底，直至达成目标，展开行动。就在那之后，大陆会议主席汉考克就指派杰斐逊担任起草委员会主席，负责起草《独立宣言》。

经过漫长而艰辛的工作，委员会的成果凝结成文，在大会获得通过。它意味着，每一个在这份文件上签下名字的人，也就同时签下了自己的死亡令，因为一旦殖民地对英国的斗争失败，死亡必然随之而来。

文件起草好了，6月28日，初稿在大会上宣读。又经过好几天的讨论、修改后，一切就绪。1776年7月4日，托马斯·杰斐逊站在与会众人面前，无畏地读出了注定永载美国史册的最重大决断：

> 在人类事务发展的过程中，当一个民族必须解除同另一个民族的联系，并遵照自然的法则和上帝的旨意，以独立平等的身份立于世界列国之林时，出于对人类舆论的尊重，必须宣布驱使他们独立的原因……

杰斐逊读完，投票开始，文件通过，五十六人在文件上签名，每个人都押上性命，决定写下自己的名字。正是有了这些决断，一个国家诞生了，恰恰是这个国家，注定要为人类带来一项永远的权利，那就是做决断的权利。

唯有这样的决断，这些在拥有相似精神内核的信念之下做出的决断，能帮助人们解决他们各自的问题，为他们赢得巨大的物质和精神财富。让我们牢牢记住这一点！

分析一下孕育了《独立宣言》的一系列事件，我们不难得出结论，这个如今傲立于世界各国之间、最受尊重也最强大的国家，就诞生自一个五十六人组成的"智囊团"所做出的一个决断。注意一个事实，正是他们的决断保证了华盛顿麾下部队的胜利，因为这个决断的精神同样深植在每一个为之战斗的士兵心中，为他们输送着永不言败的精神力量。

还有一点需要注意，这一点对个人大有裨益——令这个国家获得自由的力量，与每一个人在成长为独立自主个体的过程中所需要的力量是一模一样的。这种力量可经由这本书中阐述的各项要素中淬炼得来。不难察觉，在《独立宣言》的故事中至少出现了六种要素：欲望、决断、信念、坚持、智囊团和有序的计划。

这整套哲学中处处可见一个提示，那就是在强烈欲望之下诞生的想法，天然带有将自己转化成等值实物的倾向。在继续往下走之前，我希望再留给你一个思想实现惊人转化的完美案例，那是美国钢铁公司的创立故事，你或许能从中找到一些提示。

在你探寻这套方法的奥妙时，别想着寻找奇迹，找不到的。你只能找到永恒的自然法则。这些法则对所有人一视同仁，唯有在拥有信念和勇气的人身上，它们才会生效。它们可以为一个国家带来自由，也可以帮助人们积累财富。它们不收取费用，只要求你拿出必要的时间，去理解它们，运用它们。

能够快速决断的人知道自己要什么，往往也能达成所愿。各行各业的领头羊都能快速决断，并且坚定不移。他们之所以能成为领头羊，这便是最主要的原因。世界习惯于给言行果决、知道自己前进方向的人让路。

优柔寡断的习惯往往在童年时期就开始养成。若是孩童懵懵懂懂地读完小学、中学，甚至大学，始终没有明确的目标，这个习惯就会变成永久的积习。所有教育体系的最大缺点就在于，他们从不教导或鼓励孩子们养成明确决断的习惯。

如果大学能出台一项规定，要求唯有能够明确阐述其个人求学主要目标的学生才能被录取，或许还能有所帮助。如果每一个小学生都必须接受决断习惯的训练，而且若是无法在这门课程的考核上拿到令人满意的成绩就不能升级，那更是大大有好处。

优柔寡断的习惯之所以养成，很大程度上得归咎于我们的教育系统，它会伴随着学生走上他们选择的——如果真的是他们选择的——工作岗位。但通常情况在于，年轻人离开学校，开始遍地撒网，抓住他们能找到的任何一份工作。先找到什么，他就接受什么，因为他已经被优柔寡断的习惯绑住了。到今天，每一百个依靠工资过活的人中，就有九十八个一心安守他们现有的状态，因为他们缺乏就某个明确职位的规划做出明确决断的能力，他们也不知道该如何去寻找或挑选雇主。

明确的决断通常需要勇气，有时候是非常大的勇气。那五十六个签署《独立宣言》的人赌上他们的性命，做出了将自己的名字签在那份文件上的决断。至于"要得到某份特定工作，并要让生活支付他所要的报酬"这样的明确决断，不会要求人赌上他的性命，他只要赌上他的经济自由就行了。对于忽视或拒绝怀抱期望、制订计划并提出要求的人来说，财务独立、财富、理想的工作和职业地位都不是他们所能企及的东西。如果有人渴望财富的欲望里包含的是与塞缪尔·亚当斯渴望殖民地自由一样的精神，那么，他必定能一步步积累起财富。

在"有序的计划"一章里，你能找到针对每一类个人服务而给出的推销指南。此外还有详细的介绍，告诉你如何选择心仪的雇主和你真心想得到的工作。然而，除非你下定决心将它们整合，制订行动计划，否则，对你来说，这些指南就一文不值。

9 | 坚持
PERSISTENCE

坚持不懈，方能激发信念
通往财富宝藏的第八级台阶

在欲望转化为其对应金钱实物的过程中，坚持是一大基本要素，而坚持的根源来自意志力。

意志力和欲望若能正确结合，就是一对无坚不摧的组合。能够积累起巨大财富的人往往都会给人留下所谓"冷血"甚至是"无情""残忍"的印象。这大多是误会。他们所拥有的是"意志力"，他们将意志力与坚持结合，使之成为欲望的后盾，以此确保目标能够达成。

亨利·福特经常被误解为冷血无情。这个错误印象的由来，通常都是因为福特坚持完成计划的习惯。

大多数人随时准备将他们的目标与目的抛在一边，随时可能在反对意见或困难不幸刚刚露头时就放弃。只有少数人能够无视所有反对，坚持达成他们的目标。这极少数的人就是福特、卡耐基、洛克菲勒和爱迪生们。

"坚持"这两个字里或许并没有英雄式的内涵，但这一品质对于人的个性而言，就如同碳之于钢般不可或缺。

在我们这套哲学中，财富的创造通常少不了十三大要素的全员参与。对于所有希望赚到钱、累积财富的人来说，人人都必须理解这些本源要素，并以坚持的毅力将它们付诸实践。

如果你怀着将这里所传达的知识付诸实践的意图来阅读这本书，那么，在你开始实践第二章所提到的六个步骤（非常重要！）时，对于坚持的第一次考验就已悄然降临。除非你刚好是那2%人群中的一个，在你的人生道路上已经有了明确目标，并且制订了达成目标的明确计划，否则，你很可能只是看完这本书，然后就把它扔到一边，照旧过着你日常的生活，并不遵照书中的指示行事。

在这一点上，我要对你提出要求，因为缺乏坚持的毅力正是导致失败的主要原因之一。而成千上万人的经历也早已经证明了，缺乏毅力是绝大多数人所共有的普遍弱点。但这个弱点是可以通过努力克服的。克服这一弱点的难易程度，完全取决于一个人欲望的强弱程度。

一切成就的起点都是欲望。牢牢把这一点记在脑中。无力的欲望带来无力的结果，就像微小的火焰只能带来微小的热量一样。如果你发现自己缺乏坚持的毅力，那么，对于这一弱点的补救方法就是，让你的欲望燃烧得更炽烈一些。

接着读完这一章，然后回到第二章，立刻行动起来，将其中有关六个步骤的指示付诸实践。你实践这些指示的渴望有多迫切，就清楚地表明了你对积累金钱的欲望有多强烈或多微弱。如果你发现自己无动于衷，那么基本就可以确定，目前你还没有形成积累财富所必需的"金钱意识"。

财富喜欢有准备的人，他们的大脑已经武装到位，随时可以"吸引"财富过来，就像引水入海洋。在这本书里，你可以找到一切必需的刺激要素，它们能够将任何普通的头脑调整到合适的频道，吸引来他所"想要"的目标。

如果你发现自己在坚持方面有所缺乏，那么，将注意力集中到"智囊的力量"一章中的指南部分，为自己组建一个"智囊团"，通过"智囊团"成员的协同努力，自然就能够培养起你自己的毅力了。此外，在"自我暗示"和"潜意识"两章里，你也能找到有关培养毅力的补充介绍。照着这些章节中的介绍去做，直到习惯成自然，将你的欲望对象形成画面，深深印在你的潜意识里。从那一刻起，你就再也不是一个缺乏坚持的人了。

无论醒着还是睡着，你的潜意识从不停工。

断断续续或是突发奇想地偶尔实践本书中的原则，对你毫无意义可言。要得到结果，你就必须坚持所有原则，直到对它们的实践成为你牢不可破的习惯。想要培养必不可少的"金钱意识"，你没有第二条路可以走。

贫穷会被青睐贫穷的大脑吸引，一如金钱被对金钱有准备的大脑吸引，法则是一样的。不曾被金钱意识占据的头脑，自然有贫穷意识来将它攫获。贫穷意识的形成无须刻意培养。金钱意识则必须有意建立，除非你生来就具备这样的意识。

充分读懂上面这段话的全部含义，你就会理解坚持在积累财富中的重要性。没有坚持，你必将被打败，甚至还没开始就已经失败。有了坚持，胜利便已经在你手中。

如果你做过噩梦，就会了解坚持的价值。你躺在床上，半梦半醒，感觉自己就要窒息而死了。你翻不了身，没有一块肌肉肯听使唤。你意识到自己必须着手夺回对身体的控制权。通过意志力的坚持不懈的努力，终于，你有一只手的手指头能动了。继续努力活动手指，你将控制权扩展到胳膊，直到你能将它抬起。接下来，你以同样的方式获得了另一只胳膊的控制权。终于，你能控制一条腿的肌肉了，然后是另一条腿。就这样，凭借着个人超凡的意志力，你重新夺回了整个肌肉系统的控制权，"一下子"从噩梦中摆脱出来。局势一步一步被扭转过来。

你或许会觉得有必要从自己的精神惰性中"一下子"摆脱出来，步骤相似，一开始很慢，然后加快你的速度，直到你彻底夺回自己对意志的控制权。只要坚持，无论一开始有多慢，你总能向前走。只要坚持，成功必定到来。

如果能够精心组建你的"智囊团"，那么，至少挑选一名能够帮助你培养坚持习惯的成员。在积累到巨大财富的人之中，有人就是这样做的，都是出于必需。他们培养坚持的习惯，因为环境将他们逼迫得如此紧，他们不得不变得能够坚持。

坚持无可取代！没有任何一种品质能够替代它！记住这一点，它将激励你，无论是在起步时，还是在局势看来格外艰难、事情进展缓慢时。

养成了坚持的习惯，就像买了足以抵抗失败的保险。无论遭遇了多少次挫折，拥有这种习惯的人最终总能登上台阶的最高点。有时候，仿佛冥冥中站着一个人们看不见的向导，他的职责就是为人们提供考验，看他们是否能够经受得住各种各样令人灰心丧气的打击。凡是遭遇挫败后能重新爬起，能振作精神继续努力的人，就能够抵达终点。世界会为他喝彩："好极了！我就知道你能做到！"隐形的向导不会让任何没通过坚持力测试的人享受大成就。做不到的人，就是不合格。

能"过关"的人会因为他们的坚持收获丰厚的奖赏。无论他们追寻的目标是什么，这是他们得到的回报。还不只如此！他们还得到了远比物质报酬更加重要的东西——他们懂得了"失败有多大，收益就有多大"。

这条规则也有例外的时候：有人凭经验就知道了坚持的好处。他们是那种从不会把一时挫败当成大事的人。他们是那种欲望无比坚定，到头来挫败只能被扭转为成功的人。我们作为生活的旁观者，见过不计其数的人被挫折打败，再也没能爬起来。我们也见过有极少数的人，能够将挫折的惩罚当作更加努力的动力。这些人很幸运，从没学会接受生活的倒退。但我们没看到的是，一种沉默却不可抵挡的力量始终在发挥作用，拯救那些直面挫折阻碍却不懈奋斗的人，只是我们中的绝大多数人从来不曾对贫困的生活产生过质疑。如果要概括这种力量，我们会称之为坚持，然后呢？就到此为止了，不再深究。我们所有人都明白一件事，一个人如果没有坚持，那他无论在哪个行当都不可能取得任何显著的成就。

写下以上这些文字，我从工作中抬起头来，刚好看到在我面前至少一个街区开外那无比神秘的"百老汇"，那是"希望的死亡坟场"与"机遇的前沿阵地"。世界各地的人们来到百老汇，追寻名望、财富、力量、爱情以及一切人类称之为"成功"的东西。

一旦有人杀出重围，全世界都会听到，又一个人征服了百老汇。可百老汇不是那么容易被征服，也不是那么快就能被征服的。它认可能力，表彰天赋，以金钱作为回报，前提是这个人拒绝退出。

到这时，我们就知道，他已经发现了如何征服百老汇的秘密。这个秘密总是与另一个词密不可分，那就是坚持！

范妮·赫斯特[1]的奋斗中已经触及了这个秘密，她的坚持征服了百老汇不夜城。她在1915年来到纽约，成功将写作转化成了财富。这个转化来得并不快，但它终究来了。范妮小姐花了四年时间，依靠亲身体验了解了所谓"纽约的人行道"[2]。她用白天来辛苦工作，用夜晚来尽情希望。当希望的光黯淡幽微时，她没有说："好吧，百老汇，你赢了！"她说："很好，百老汇，你也许可以打倒别人，但不是我。我会让你举手投降的。"

一家出版社（星期六晚邮报）给她寄出过三十六封退稿信，直到她终于"破冰"，有一部作品通过了审阅。同人生其他"人行道"上的"普通人"一样，一般的作者往往收到一次退稿信就放弃工作。她花了四年时间来面对别人口中的"不"，直至击败"人行道"，因为她下定了决心要赢。

1　范妮·赫斯特（Fannie Hurst，1885—1968），二十世纪初美国最具影响力的畅销小说作家，擅长将浪漫题材与社会问题相结合，代表作包括《后街》（*Back Street*，1931）、《春风秋雨》（*Imitation of Life*，1933）等，多部著作被改编搬上舞台与电影银幕。《伟大的嘲弄》（*Great Laughter*）发表于1936年，正好在本书出版（1937年）的前一年。

2　出自长盛不衰的美国流行歌曲，又译《漫步在纽约》（*The Sidewalks of New York*）。这首歌创作于1894年，反映十九世纪九十年代的纽约面貌与生活，被视为纽约的文化主题标志之一。

随之而来的就是"回报"。咒语被打破了，范妮·赫斯特通过了隐形向导的考验，她够格得到回报。从那时起，出版商就踏破了她家的门槛。金钱滚滚而来，快得她几乎来不及计算。然后是电影界发现了她，这一路的金钱来得没那么大笔，却源源不断。她最新一部小说《伟大的嘲弄》的电影版权费高达十万美元，据称创下了待出版小说的电影授权费用的最高纪录。图书的销售必将为她带来更多的版税收入。

大体上，你已经知道了坚持是如何带来成就的。范妮·赫斯特也不例外。无论男女，无论在哪里，每当看见积累起巨大财富的人，你都可以肯定，他们首先少不了的必定是"坚持"。百老汇可以为任何乞怜者提供咖啡和三明治，但对于追求巨大收益的人，它要求坚持。

凯特·史密斯[1]如果读到这里，一定会说"没错"。有好些年时间，她抓住一切机会站在麦克风前歌唱，不谈金钱，不论身价。百老汇对她说："有本事你就来吧。"她的确有本事，终于，在一个快乐的日子里，百老汇累了，说："噢，有什么用呢？你不知道自己什么时候会被打倒，既然如此，报上你的价格，好好工作吧。"史密斯小姐赢得了她的身价！

价码很高。高到一个星期的薪水抵得上大多数人一整年的收入。

1　凯特·史密斯（Kate Smith，1907—1986），美国著名女歌手，有"电台第一夫人""南方夜莺"之称，最知名的代表作为被誉为"美国第二国歌"的《上帝保佑美国》（*God Bless America*）。

毫无疑问，这就是坚持的回报！

这里有一项鼓舞人心的说明，其中包含着一个意义重大的提示：千千万万比凯特更优秀的歌者在百老汇奔走寻觅，寻求一个"突破"，却从未成功。还有许许多多人来了又走了，其中许多都唱得足够好，可他们没能成功，因为他们缺乏勇气一直坚持下去，坚持到百老汇累了，为他们让路。

坚持是一种心理状态，因此，它是可以养成的。就像所有的心理状态，坚持需要明确的来由作为根基，其中包括：

a.　明确的目标。知道自己想要什么，这是第一步，或许也是培养"坚持"的最重要一步。一个强烈的动机可以给人力量，让人去克服许多困难。

b.　欲望。在追求某种强烈欲望下的具体对象时，"坚持"会相对容易启动并维持。

c.　自立自强。相信自己的能力足以完成计划，有助于人们按照计划一步步"坚持"走到最后。（自立自强的心理状态可以通过"自我暗示"一章所讲述的原则去培养）

d.　明确的计划。有序的明确计划有益于"坚持"，哪怕这些计划很不可靠，完全不具备可行性。

e.　准确的认知。基于经验或观察，知道自己的计划是完善的，这一点同样有助于"坚持"。以"猜测"代替"知道"会毁掉坚持。

f.　合作。与他人建立有共鸣、相互理解、和谐的合作，有利于培养"坚持"。

g. 意志力。让头脑专注于计划的制订，这套计划的目的在于达成某项明确的目标，这一习惯能够激发"坚持"。

h. 习惯。"坚持"是习惯的直接结果。日常经验为大脑供给养分，大脑从中吸取营养，同时成为日常经验的一部分。"恐惧"是所有敌人中最糟糕的一个，但借助一再重复勇敢的行为，它同样能够被有效治愈。所有真正经历过战争的人都明白这一点。

在结束有关坚持的话题之前，做一次自我盘点，看看在这一重要品质上你是否有任何格外的不足。勇敢地测评自己，一点一点对照，看看在有关"坚持"的八大要素中，你究竟欠缺多少。这样的分析或许能够让你有所发现，从而重新了解并更好地把握自己。

缺乏"坚持"的表现

在这里，你会了解哪些才是拦在你与伟大成就之间的真正敌人。在这里，你不但能了解缺乏坚持的"病症"，还能深入潜意识层面，找出"病源"。如果你真的希望了解自己是什么样的人，知道自己有能力做什么，那么，请认真研读下面的清单，诚实坦率地面对自己。对于所有想要积累财富的人而言，以下都是必须被克服的缺陷：

1. 无法确认并清楚界定自己想要的是什么。

2. 拖延，也许有理由，也许没有（但通常都有一大堆的托词和借口）。

3. 缺乏获取专业知识的兴趣。

4. 优柔寡断，习惯随时随地"推卸责任"，而不是直面问题（同样有托词）。

5. 习惯安于种种托词，而非制订明确的计划去解决问题。

6. 自满。这个问题很难改正，受困于此的人毫无希望可言。

7. 冷漠。通常体现为一个人随时随地都准备着妥协，而不是迎难而上，奋力抗争。

8. 习惯责备他人的过错，认为不利情况是不可避免的。

9. 缺乏欲望。这通常应归咎于忽略了动机的选择，以至于难以对行动产生激励作用。

10. 愿意甚至乐于一看到挫折的迹象就放弃（因为存在六大恐惧中的一项或多项）。

11. 缺乏有序的计划。把计划写下来，以便分析它们。

12. 习惯忽视行动。无法将想法落到实处，当机会出现时无法抓住。

13. 以希望取代意愿。

14. 习惯向贫穷妥协，而非以财富为目标。通常都是因为缺乏想要成为什么、达成什么或拥有什么的野心。

15. 寻求各种致富捷径，企图不支付对等代价就获取财富，通常表现在沉迷赌博，致力于"赚快钱"。

16. 害怕批评，无法成功制订计划并将其付诸行动，只因为顾虑其他人会如何想、如何做或如何说。这属于本清单里最强大的敌人之一，因为它通常隐藏在人的潜意识里，令人难以察觉它的存在（详见下文一章中有关"六大恐惧"的部分）。

让我们看看"害怕批评"的一些症状。绝大多数人都允许亲戚、朋友和大众来影响自己，导致他们无法拥有自己的生活，而根源就在于他们害怕批评。

许许多多人缔结错误的婚姻，却依旧固守婚约，一生不幸福，因为他们害怕纠正错误会引来批评（任何屈服于这种恐惧的人都了解它所带来的不可弥补的损害，它会摧毁一个人雄心壮志的抱负、自立自强的性情和取得成就的欲望）。

成百上千万的人在离开学校后就不再继续接受教育，因为他们害怕批评。

无数男男女女，不论什么年龄，都允许亲戚们以责任之名破坏他的生活，因为他们害怕批评（责任不会要求任何人委曲求全，不会摧毁他个人的抱负，剥夺他以自己的方式过自己生活的权利）。

人们拒绝抓住事业道路上的机会，因为他们害怕失败后或许会有批评随之而来。在这种情况下，对批评的恐惧甚至比对成功的欲望更加强烈。

太多人拒绝为自己设定高目标，甚至不去选择一份事业，因为他们害怕来自亲戚和"朋友"的批评，害怕这些人会说"别这么好高骛远了，人家会以为你疯了"。

当安德鲁·卡耐基建议我拿出二十年时间去建立一套有关个人成就的哲学理论时，我的第一反应是担心别人会说什么。这个建议为我设定了一个目标，远远高过了我自己曾经设想过的任何目标。我的大脑立刻开始闪电般地转动，寻找托词与借口，每一个都源自固有的对批评的恐惧。我身体里有什么在说："你做不到的，这项工作太庞大，要花太多时间——你的亲戚会怎么看你？——你要怎么维持生活？——从来没有人创立过什么成功哲学，你凭什么就认为你可以做到？——再说了，你是谁啊，就敢这么好高骛远？——别忘了你平凡的出身——你知道什么叫哲学吗——人家会觉得你疯了（他们的确如此）——想想看，为什么以前从来没有人去做这样的事？"

还有许许多多别的问题，一起飞快涌进我的脑海，要求得到关注。突然间，整个世界的注意力好像都转移到了我身上，整个世界都准备嘲笑奚落我，让我几乎立刻放弃所有将卡耐基先生的建议付诸实践的欲望。

那时我大有机会赶在野心控制我之前将它杀死。后来，经过对数千人的研究分析以后，我发现，大多数点子之所以都胎死腹中，是因为它们需要借由立刻行动起来的明确计划来注入生机。一个点子，在诞生之初就需要得到喂养。它每多存活一分钟，就多一分继续存活下去的机会。对批评的恐惧是大多数点子遭到摧毁的根本缘由，它们从来没能走到计划或行动的阶段。

许多人相信物质上的成功来自好的"机遇"。这一信念并非无源之水，但完全依赖运气的人几乎注定要失望，因为他们忽略了另一个非常重要的因素，这个因素是人们确保成功的先决条件——明白好的"机遇"是可以人为创造的。

那位喜剧演员 W.C. 菲尔兹在大萧条期间失去了所有财产，没有收入，没有工作，他赖以生存的行当（歌舞杂耍）不复存在。更何况，他已经年过六十，到了大多数人自认为"老了"的年纪。除了以上麻烦之外，他还摔伤了脖子。对于许多人来说，到了这般地步，就只有放弃、退场这一条路可走了。可菲尔兹始终坚持。他知道，只要坚持下去，早晚能得到"机遇"。最后，他真的得到了，但这一切并非出于偶然。

玛丽·杜丝勒[1]在年近六十时陷入贫困潦倒的境地，倾家荡产，工作没有着落。同样，她积极寻找"机遇"，并得到了它们。她的坚持为她的晚年带来了辉煌的胜利，远超这个年纪的大多数男女敢于向往的成就。

埃迪·康托尔[2]在1929年的股灾中失去了他的金钱，却依然保有他的坚持和勇气。凭借这些，外加一双超凡的大眼，他设法让自己回到了周薪一万美元的行列！显然，一个拥有坚持的人，无须太多其他品质就能够成为人生赢家。

无论是谁，唯一能够依赖的"机遇"就是自己创造的"机遇"。这一切都来自坚持，而起点则是明确的目标。

1　玛丽·杜丝勒（Marie Dressler，1868—1934），加拿大—美国喜剧演员，默片时代和大萧条时期活跃的女明星，在轻歌舞剧和电影方面均卓有成就，六十二岁时凭借《拯女记》[又译《米因和比尔》(Min and Bill，1930年)]获得奥斯卡最佳女主角，次年再度凭借《爱玛》(Emma，1931年)获同奖项提名。
2　埃迪·康托尔（Eddie Cantor，1892—1964），本名伊西多尔·伊兹科维兹（Isidore Itzkowitz），俄罗斯—犹太移民后裔，美国演员、舞者、歌手、歌曲创作人，在百老汇、广播剧和早期电视屏幕等领域以"班卓眼"（Banjo Eyes）之名著称，二十世纪四十年代后成为好莱坞顶尖男影星。"班卓眼"为英语俗语，指一个人眼距开阔、眼睛超乎寻常的大，或是形容受惊时猛然瞪大的眼睛。

从现在开始，研究一下你遇到的前一百个人，问问他们，他们在人生中最想要的是什么，必定有九十八个说不出来。如果你逼他们给出一个答案，有人会说安全；许多会说金钱；少部分会说幸福；另一些会说名望和权力；还有一些会说社会认可、生活无忧、会唱歌、会跳舞、会写作……但是没有一个能为这些字眼勾勒出明确的定义，或是显露出哪怕最细微的痕迹，表示他们对于如何达成这些含糊其词的希望有所计划。财富不会对希望做出回应。它们只回应明确的计划，这些计划有明确的欲望作为支持，有不懈的坚持作为途径。

如何培养"坚持"

　　养成坚持的习惯只需四个步骤。它们不需要多大的智慧，不需要多高的教育程度，只需要一点点时间和努力。必要步骤如下：

1. 一个明确的目标，有燃烧的强烈欲望支撑实现它的行为。

2. 一个明确的计划，表现为持续的行动。

3. 一颗头脑，能够屏蔽所有负面和消极的影响，包括来自亲戚、朋友和熟人的负面建议。

4. 一份友好的协作关系，对象可以是一人或多人，他们能够鼓励你坚持执行计划，直至达成目标。

　　无论在哪个行业，这四个步骤都是成功的必备要素。这套哲学中的十三大要素有一个共同的整体目标，那就是帮助人们将以上四个步骤变成扎扎实实的习惯。

它们是人类能够借以掌握自身经济命运的步骤。

它们是通往思想自由与独立的步骤。

它们是通往或大或小财富的步骤。

它们是通往权力、声望与全世界认同的道路。

它们是确保有好"机遇"的四步。

它们是将梦想变为现实的步骤。

它们还是战胜恐惧、沮丧、冷漠的道路。

所有学会应用这四大步骤的人都将获得巨大的奖赏。那是可以自行填写支票金额的特权，可以让生活支付任何你开出的价码。

我无从了解事情的真相，但大胆猜测，华里丝·辛普森小姐[1]与一个男人的伟大爱情绝非出自偶然，也不会单单是"机遇"的结果。其中有着燃烧的炽烈欲望，有着一路走来每一步的用心追寻。她的第一要务是去爱。人世间最伟大的事情是什么？主宰者称之为"爱"——不是任何人类创造的规则、批评、苦难、中伤或政治性的"婚姻"，而是爱。

她知道自己要什么，不是在她遇到威尔士亲王以后，而是早就知道。她一直在找寻它，遭遇过两次失败，可她依然有勇气继

1　华里丝·辛普森（Wallis Simpson，1896—1986），即"温莎公爵夫人"。本名贝西·华里丝·沃菲尔德（Bessie Wallis Warfield），辛普森是她第二任丈夫的姓氏。两次婚姻失败后，辛普森与英国国王爱德华八世（Edward Ⅷ，1894—1972，1936年1月20日—12月11日在位）相恋，爱德华八世为迎娶她放弃王位，受封"温莎公爵"，两人于1937年成婚。

续她的追寻。"对你自己诚实，你就必定不会对别人欺诈，就像黑夜必定紧随白昼到来一样。"[1]

她由默默无闻中一步步走来，走得并不快，但每一步都在向上，坚持不懈，她的崛起是必然的！她把握住了难以置信的微小胜算。无论你是谁，无论你如何看待华里丝·辛普森，如何看待那位因为她的爱情而放弃王位的国王，她都是个实践坚持的惊人范本，是掌控自我决心的导师，全世界都应当从她身上学到些有益的教诲。

提到华里丝·辛普森时，不妨想一想，这是一个知道自己想要什么的人，是一个撼动了地球上最强大的帝国来达成所愿的人。女人们抱怨这是个男人主宰的世界，女性得不到平等的争胜机会，她们都该好好看看这个非凡女性的一生，在大多数女人会觉得已经"老了"的年纪，她虏获了全世界最令人向往的单身汉的心。

爱德华国王又如何呢？从他在这出近代世界史上最戏剧化的故事里所扮演的角色身上，我们又能学到什么？他是否因为一个女人的爱，是否因为自己的选择，而付出了过高的代价呢？

显然，除了他自己，没有人能够给出答案。我们这些旁观者只能猜测。唯一能确定的是，这位国王的降生并非自愿。他生来拥有数不尽的财富，不需寻求。他一直在追寻婚姻。整个欧洲的政治家和政界人士将无数贵妇公主送到他的脚下。因为他是他父母的第一个孩子，他将继承王位，可这也不是他追求得来的，甚至有可能不是他想要的。在四十多年的时间里，他并非一个自

1　出自莎士比亚剧作《哈姆雷特》的第一幕第三场。

由人，不能按照自己想要的方式生活，他几乎没有隐私，直到最后，他登上王位，担起落在身上的职责。

有人也许会说："拥有这么多的福气，爱德华国王应该已经找到内心的平静、满足和生命的乐趣了吧。"

然而真相是，在爱德华国王继承得来的所有王位特权、所有金钱、名望和权力的背后，是唯有"爱"才能填满的空虚。

他最大的欲望是找到爱情。毫无疑问，早在遇到华里丝·辛普森之前，他必然就已经感受到了这宇宙间最伟大的感情在拨动他的心弦，叩击他的灵魂之门，在哭喊着要求表达。

于是，当他遇见了一颗同样的灵魂，同样哭喊着要表达这同样神圣的权利时，他立刻将对方认了出来，毫不畏惧，毫不歉疚，他敞开心门，邀请它进入。全世界的毁谤者也无法摧毁这出跨国大戏的美好，通过它，两个人找到了爱情，有勇气面对公开的批评，不惜抛弃一切，只为神圣地将它表达出来。

爱德华国王决定放弃全世界最强大帝国的王位，以此换取与他所选择的女人共度一生的权利，这是个需要勇气的决断。这个决断同样需要付出代价，然而，谁又有权利说这样的代价太高昂呢？显然不是说出"你们中间谁是没有罪的，谁就可以先拿石头打她"的那个"他"[1]。

心怀恶意的人选择非议温莎公爵，因为他的欲望是爱情，因

1　引文出自《圣经·新约·约翰福音》，原文讲述众人抓到一个"行淫的妇人"，带到耶稣面前询问是否应当依照摩西律法将她用石头砸死，耶稣以引文回答，令众人退散，到只剩下妇人与耶稣时，耶稣表示"我也不定你的罪"。

为他公开宣布了他对华里丝·辛普森的爱，为她放弃了他的王位。我们要提醒这些人，别忘了，这种公开声明并非必须。他完全可以遵循欧洲数世纪以来盛行的风俗，保持秘密恋情，既不放弃他的王位，也不放弃他爱的女人，如此一来，无论教会还是公众就都不会不满了。可这个非凡的男人生来就拥有更为坚定的东西。他的爱情是纯洁的。它深沉而又真挚。它是他真正渴望的东西，超越了其他所有，因此，他得到他想要的，支付应支付的代价。

在过去的一个世纪里，如果欧洲有幸拥有更多像爱德华这样拥有人心与诚实品质的统治者，这半个不幸的地球现在或许就不会受到贪婪、憎恨与无度欲望的煎熬，不必忍受政治家的纵恶和战争的威胁，而是能交出一份全然不同的、更好的历史答卷——一段被"爱"而非"恨"主宰的历史。

借着斯图尔特·奥斯汀·威尔的话，让我们举起酒杯，为前国王爱德华和华里丝·辛普森干杯：

> 福哉斯人，能够懂得我们沉默的思绪才是最甜美的思绪。
> 福哉斯人，身在最黑暗的深渊，依然能看见爱的光辉，且看且歌；且歌且说："我对你的所想远比说出来的言语更甜蜜。"

借助上面的话，我们要向这两位人士致敬，他们是当代历史上最大的舆论受害者，承受了最多的批评与辱骂，只因为他们找到了生命中最伟大的财富，并将之宣告天下[1]。

1　文中分析经辛普森夫人本人阅看，并获其认可。——作者注

放眼世界，更多的人会为温莎公爵和华里丝·辛普森女士鼓掌喝彩，为的是他们坚持寻找，直至最终找到生命最伟大的奖赏。我们所有人都能从他们身上获益，以他们为榜样，寻觅我们自己在生命中的所求。

　　是怎样的神秘力量给予坚持的人战胜困难的能力？是否坚持的品质会引发人脑中某种形式的心灵、精神或化学的反应，让人能够获得超自然的力量？"无限智慧"是否总会站在败而不馁、依然敢于战斗、敢于与全世界对抗的人这一边？

　　当我观察过像亨利·福特、爱迪生这样的人之后，无数类似的问题在我的脑海里浮现出来。亨利·福特白手起家，创建了巨大的工业帝国，起步时除了坚持几乎一无所有。爱迪生只上过不到三个月的学，却成了世界上最伟大的发明家，凭着坚持，创造出了留声机、电影放映机和白炽灯泡，更别说另外好几十项实用的发明了。我有幸对爱迪生先生和福特先生做了长达数年的跟踪研究，有机会近距离地观察他们，因此，我所说的一切都来自亲眼所见——在他们身上，除了坚持，我并没有发现其他特别的品质。这一结论甚至隐晦地提示了什么才是他们实现的惊人成就的主要来源。

　　如果有人能够秉持公正的态度研究历史上的先知、哲学家、"奇迹"创造者和宗教领袖们，必定会得出结论：坚持、对于不懈努力的专注以及明确的目标，就是他们成就的最大来源。

　　就以穆罕默德动人的传奇故事为例吧，让我们来尝试分析他的生平，将他与当代这个工业、金融时代里有所成就的人对比，观察他们是如何拥有一个共同的突出品质的。那个品质就是坚持！

如果你有兴趣研究那为坚持注入威力的神秘力量，不妨读一读穆罕默德的传记，最好是伊萨德·贝伊[1]写的那部。对于有意花时间阅读全书，了解人类文明史上有关坚持的最惊人范例的人来说，托马斯·萨格鲁发表在《先驱论坛报》的简短书评能够提供预览，堪称一道难得的开胃小菜。

最后的伟大先知

书评人：托马斯·萨格鲁

穆罕默德是个先知，可他从没演示过任何奇迹。他不是神秘主义者，他没经受过正规的学校教育，他直到四十岁才开始他的传教生涯。当他公开宣称自己是神的使者，传达的是真主的意愿时，他得到的是嘲笑和疯子的身份标签。小孩子绊倒他，妇人们辱骂他。他遭到流放，不得不离开家乡麦加，他的追随者被夺去财产，跟他一起流落沙漠。他传道十年，除了流放、贫穷和嘲笑，一无所有。然而，还不等下一个十年过去，他就成了整个阿拉伯世界的唯一主宰者、麦加的统治者、新的世界宗教的首领，他为这种新宗教注入动力，让它一直传播到了多瑙河畔和比利牛斯山脉。这种动力包含三重内涵：言语的力量、

1　伊萨德·贝伊（Essad Bey, 1905—1942），本名列夫·努辛鲍姆（Lev Nussimbaum），俄裔犹太作家，出生在乌克兰基辅，后在德国柏林宣布皈依伊斯兰教，作品多以俄罗斯帝国、高加索等为背景，曾以另一个笔名库尔班·萨伊德（Kurban Said）发表小说《阿里和尼诺：一个爱情故事》（*Ali and Nino: A Love Story*，又译《高加索玫瑰》）等作品。

祈祷的功效、人类与神的亲密关系。

他的职业生涯从来就不是什么了不起的经历。穆罕默德出生在麦加一个大家族的穷苦支系里。这座城市是世界的十字路口、名叫"麦加黑石头"的神圣石头所在的地方、伟大的贸易城市和商路中枢，可它也是"有碍健康"的，麦加的孩子们都被送进沙漠里，由贝都因人抚养长大。穆罕默德也不例外，他喝游牧部族里乳娘的奶长大，吸取力量与健康。他照料羊群，不久就被一名富有的寡妇聘为商队领队。他走遍了东方世界的每一个地方，他与拥有不同信仰的许多人交谈，他眼看着基督教渐渐衰落、争端四起。到他二十八岁时，那位寡妇哈蒂嘉爱上他，与他结婚。哈蒂嘉的父亲反对这样一桩婚姻，她便把父亲灌醉，扶着他出场，让他给出了父亲的祝福。在接下来的十二年里，穆罕默德扮演着一个备受尊重而且精明能干的富裕商人角色。后来，他开始常常在沙漠里漫游，一天，他带着第一稿的《古兰经》回到家，告诉哈蒂嘉，大天使加百列在他面前显形，说他将会成为神的使者。

《古兰经》是神用以昭告世人的言语，也是穆罕默德一生中最接近奇迹的东西。他并不是诗人，他在文字上没有天赋。然而，《古兰经》里的韵文比所有部落里所有真正的诗人写出来的诗句更好，传说穆罕默德只是接收到了它们，一字不差地原样背诵出来。在阿拉伯人看来，这就是奇迹。在他们眼里，语言文字的天赋是最了不起的天赋，诗人是无所不能的。此外，《古兰经》还说，在神的面前人人平等，世界应该是一整个民主的国度，那就是伊斯兰。正是因为这种政治上的"异端邪说"，再加上穆罕默德想要毁掉卡巴天房[1]里三百六十尊偶像的举动，最终导致了他被流放。

偶像都是沙漠部族送到麦加的，有人来送偶像，就意味着有生意。所以，麦加的商人和资本家，那些穆罕默德曾经身为其中一员的群体开始联手攻击穆罕默德。就从这时开始，他退入沙漠，开始了对世界主权的索求。

伊斯兰教的崛起开始了。在沙漠之外，永不熄灭的火焰燃烧起来了——一支民众主导的军队俨然牢不可破的整体，开始展开战斗，宁死不退。穆罕默德曾经向犹太教和基督教发出邀请，请他们加入他的阵营，因为他并不是在创立一门新的宗教。他在呼唤所有相信上帝的人加入唯一神的信仰。如果犹太教和基督教答应了他的邀请，那伊斯兰早就征服整个世界了。可他们没有。他们甚至不会接受穆罕默德有关人道主义战争的创新。当先知的军队进入耶路撒冷时，没有一个人因为他的信仰被杀。可数个世纪以后，当十字军进入这座城市，没有一个穆斯林的男人、女人或孩子得以幸免。不过，基督教还是接受了穆斯林的一个设想，那就是建立大学——让人学习的地方。

1　此处的"麦加黑石"与"卡巴天房"在原文中都写作"Caaba"，也音译作"克尔白"。前者是伊斯兰教的圣物，安放在麦加圣地大清真寺内的卡巴天房中，是一块黑色的石头；后者是一座立方体的石殿，也被视为穆斯林的圣殿。译文根据语境分别处理。

10 | 智囊的力量
POWER OF THE MASTER MIND

驱动之力
通往财富宝藏的第九级台阶

力量是成功累积财富过程中必不可少的要素。

若是没有足够的力量来将计划转化为行动，计划就是毫无用处的死物。在这一章里，我们会阐述有关个人如何得到并运用力量的方法。

所谓力量，或许可以定义为"有组织的、处于明智的控制下的知识"。在这里，我们所说的"力量"指的是有组织的努力，它足以帮助个人将欲望转化为相对应的金钱实物。有组织的努力来自两个或更多人的共同努力，他们有着同一个明确的目标，能够秉持相互配合的精神。

力量是积累金钱所必需的！力量是守住积累到的金钱所必不可少的！

让我们先来弄清楚，如何才能得到力量。如果力量是"有组织的知识"，那我们不妨先考察知识的来源：

a. 无限智慧。这个知识来源跟另一章里讨论的步骤有关，需要"创造性的想象力"助力。

b. 过往经验。人类过往累积的经验（或者说，经过整理并得以记录保存下来的那部分经验）在任何一家具备一定规模的公共图书馆里都能够找到。这些前人累积下来的经验中重要的部分会成为公立学校和大学的授课内容，在那里，它们得以经过归纳整理，成为有序的体系。

c. 实验和研究。在科学领域，人们每一天都在搜集、归纳、整理新发现的事实，事实上，生活中的每个领域都是如此。如果在"过往经验"里找不到需要的知识，这就是人们必须寻求的另一大来源。在这里，"创造性的想象力"同样常常需要派上用场。

以上列举的三大来源都能够为人们提供知识。通过组织构建知识，借以制订出明确的计划，并将这些计划落实到行动，到这时，知识就能够变成力量了。

细究知识的三大来源，不难发现，如果要靠个人一己之力汇总知识，并将它们转化为可以落实到行动的明确计划，其中藏着巨大的困难。特别是这个人的计划如果还很复杂，如果这些计划还规模宏大，那么，通常来说，他就必须借助其他人的合作，才能将力量这一必要元素注入计划中。

通过"智囊团"获得力量

所谓"智囊团",也许可以定义为:两人或两人以上,为了达成共同的明确目标,以相互配合的精神组成的知识与努力的协作共同体。

如果没有"智囊团"作为助力,任何人都不可能拥有强大的力量。在前面的章节中,我们已经介绍了,如何以"化欲望为对应的金钱实体"为目标来制订计划。如果你能聪明地执行并坚持上述指南,同时运用鉴别力组建你的"智囊团",那么,你的目标就已经达成了一半,哪怕你或许还没意识到这一点。

这样,通过精心挑选组建而成的"智囊团",你或许能够更好地理解自己所能得到的"无形的"潜在力量。在这里,我们会解说"智囊团要素"的两大属性,其中一个是现实的经济属性,另一个是精神属性。经济属性一目了然。如果身边有一群愿意全心全力帮你达成目标,相互间拥有完美的默契配合,能够提供建议、忠告和个人合作的帮手,任何人都能获取经济上的利益。这种合作联盟是几乎每一笔巨大财富的根基。你对这一伟大真相的理解,通常能够直接决定你的经济状况。

"智囊团要素"的精神属性层面则要抽象得多,理解起来困难得多,因为它指向心灵的力量,整个人类群体对它都还没有充分的理解。从下面这句话里,你或许能够窥见一点端倪:"没有任何两种心智是可以和谐共处的,除非它们能够共同创造出一种看不见、摸不着的无形力量,就像'第三种心智'。"

牢牢记住这个事实,全宇宙中只有两种已知的基本分类:

能量和物质。众所周知，物质可以被切分成分子、原子、电子等不同的单位集合。这些物质集合都可以被隔离、分割、分解研究。

类似的，能量也有单位集合。

人的心灵是一种能量，其中包括来自自然界的精神力量。当两个人的心灵在相互配合的精神下达成合作，分别来自两种心智的能量精神集合体之间就会产生相互吸引的合力，从而形成"智囊团"在"精神"层面的属性。

智囊团要素，或者更精确地说，它的经济属性第一次引起我的注意，是因为安德鲁·卡耐基，那是在二十五年以前。既然选择了我毕生的事业，找出这个原则就是我的使命。

卡耐基先生的智囊团是个由将近五十人组成的团体，他让他们围绕在自己周围，为制造和销售钢铁的明确目标而努力。他将自己获得的全部财富都归功于这个"智囊团"给他的点滴积累的力量。

如果研究分析一下任何一个积累了巨大财富的人或无数收获了一定财富的人，你会发现，他们都曾在有意无意间运用了"智囊团要素"。

除此以外，再无其他法则能够提供这样强大的力量！

能量是大自然手中的砖块瓦片，它用它们造出宇宙间的所有物质实体，包括人以及一切的动物、植物生命体。大自然通过某种只有它自己真正了解的步骤，将能量转化为物质。

人类也能拿到大自然的砖瓦，所依靠的正是思考所包含的能量！人类的大脑或许可以被比作电池。它从以太中吸取能量，这些能量弥散在每一个物质原子中，充盈整个天地宇宙。

众所周知，一组电池比一块电池提供的能量更多。同样我们也知道，一块电池所能提供的能量大小与电池中发电材料"细胞"的多少与能效成正比。

大脑的工作方式也与之类似。这就解释了为什么总有一些大脑比另一些更加有效率，同时，也导出了下面这个显而易见的结论：比起单独一个大脑来，一组本着配合精神协作（或交流）的大脑所能提供的思想能量更多，正如一组电池比一块电池提供的能量更多一样。

借助这个比喻，智囊团要素所蕴含的秘密立刻一目了然，那是关乎一个人能够行使的力量的秘密，但仅限于将自己置身于有智慧的人之中的人。

说到这里，我们就有了另一个陈述，或许它能更进一步帮助你理解"智囊团要素"的精神层面属性：当一组单独的大脑联合起来，相互配合，就可以创造出倍增的能量，这些能量能够为群体中每一颗单独的大脑所用。

许多人都知道，亨利·福特在创业之初几乎毫无优势可言，他贫穷、无知、没有学识。同样也有许多人知道，只花了不可思议的短短十年时间，福特先生就克服了这三大缺陷，在二十五年之内，他就让自己成为全美国最富有的人物之一。联系这一事实，再想一想，福特先生所有飞速的进步发展几乎都出现在他与爱迪生建立私交之后，此时你就会渐渐明白，一个人的心智大脑会对另一个人产生多么大的影响。再深入一步，想一想，福特先生最令人瞩目的成就都是在与哈维·凡士通、约翰·巴勒斯、卢瑟·伯班克[1]（每一个都拥有了不起的大脑）结交之后取得的，你就能找到更有利的证据证明，大脑之间的友好联盟能够创造力量。

毋庸置疑，亨利·福特是商业和工业领域内最见多识广的人物之一。自然，我们也不必再对他的财富多加讨论。细数福特先生的私人密友名单——其中有一些已经在上文中提到了——你就能够理解下面这句话：

"以相互支持、配合之精神相交的人，会相互吸纳对方的性情、习惯与思想的力量。"

亨利·福特通过与拥有伟大头脑的人结交，将他们的思想波收入自己的心智系统中，从而打败了贫穷、无知和学识的欠缺。借助与爱迪生、伯班克、巴勒斯和凡士通的往来，福特先生将这四个人的力量、智慧精华、经验、知识和精神力量注入自己的头脑。此外，他还调动"智囊团要素"，将其贯穿于本书讲述的种种步骤方法中。

这项要素同样可以为你所用！

我们之前曾提到"圣雄"甘地。也许，在大多数听说过甘地的人看来，他不过是个古怪的小个子男人，穿着不正常的衣服，给英国政府制造了很多麻烦。

事实上，甘地不但不古怪，他还是当代世界最有力量的人

1　哈维·凡士通（Harvey Firestone，1868—1938），美国企业家，凡士通轮胎和橡胶公司的创始人。约翰·巴勒斯（John Burroughs，1837—1921），美国博物学家、自然散文作家、环保运动人士。卢瑟·伯班克（Luther Burbank，1849—1926），美国植物学家、园艺家、农业科学领域的拓荒者。

（算一算他有多少追随者，看一看这些追随者对他们的这位领导者有多么忠诚吧）。此外，他或许是有史以来最有力量的人。他的力量是非攻击性的，但却真实存在。

让我们研究一下他获得这种强大力量的方法吧。那或许只需要几个词语就可以解释清楚。他劝服了超过两亿人，令他们身心合一，秉持相互配合的精神，为了一个明确的目标携手合作，从中获得力量。

简单说来就是，甘地完成了一个奇迹，说服——而不是强迫——两亿人秉持相互配合的精神，携手合作，并无止境地坚持下去，这就是奇迹。如果你对此有所怀疑，不妨试一试，去劝说随便两个人秉持相互配合的精神携手合作需要多长时间。

所有做过管理的人都知道，要让员工协力工作，哪怕远远达不到所谓的配合，是多困难的一件事。

正如你已经知道的，在获取力量的来源清单中，排在第一位的就是无限智慧。当两个或更多人本着相互配合的精神协力合作，朝向一个明确的目标努力时，他们便已通过这样的联盟就位，准备好了要直接从无限智慧的浩海中直接吸取力量。这是所有力量来源中最强大的一个。它是天才诞生的源泉。它是所有伟大领导者诞生的源泉（无论他们是否意识到了这一事实真相）。

说到另外两个提供积累力量所必备的知识的主要来源，它们未必比人类的视、听、触、嗅、味五种感官更加可靠。人类的感官并不总是可靠的，而无限智慧从不犯错。

在接下来的几个章节里，我们会详细阐述沟通无限智慧的最有效方法。

这不是宗教课程。这本书里谈到的任何一种基本要素都不应被理解为对任何人宗教信仰的直接或间接干涉。本书的唯一宗旨仅限于指导读者如何将以金钱为明确目标的欲望转化为它所对应的金钱实体。

阅读，思考，在阅读中沉思。很快，整个秘密就将揭开，你会将它看得清清楚楚。如今你看到的是各个独立章节的细节。

金钱是羞涩的，它总是深居简出，就像"旧时的"闺阁小姐。它需得用心追求才能得手，就像坠入爱河后非此不可的男子追求他爱上的女子一样。另一方面，用来"追求"金钱的力量也与追求女孩的并无太大差别。那种力量，若想成功运用在追求金钱上，就必须在其中加入信念、欲望、坚持。它还必须借助一份计划来发挥功效，这份计划还必须落实到行动中。

当金钱以"大钱"之姿涌来时，它会源源不断地流向积聚金钱的人，就像水流下山一般自然。宇宙间存在着一股看不见的力量洪流，或许我们可以将它比作大河，唯一不同的是，它从正中一分为二，一半往上走，带着所有身在这一侧水流里的人们不断向前、向上，流向财富；而另一半水流则流往相反的方向，裹挟着所有落入这一侧的不幸的人（无力从中挣脱的人），一路下行，坠入悲惨与贫穷。

每个积累下巨大财富的人都知道这条生命之河的存在。它生自人的思维方式。积极的正面心理与情绪组合成通往财富的那一侧水流。消极的负面心理与情绪则会将人拉入贫穷困顿的另一侧。

对于抱着积累财富的目的而来，并能够遵从本书指点的人来说，这里蕴含着一个极其重要的思想。

如果你身在力量之河流往贫困的那一侧，我们或许能够为你提供一把桨，让你能凭借它努力划到河流的另一侧。唯有接过它，用起来，它才帮得到你。仅仅是读一读，评判一番高低对错，那你是无论如何都无法从中获益的。

有的人曾往返于这条河的正负两侧之间，一会儿在积极的这一半，一会儿在消极的那一半。1929年的华尔街大崩盘将数以百万计的人从积极的一侧扫入了消极的河道中。这上百万人拼命挣扎，想要回到积极一侧的河道，但有的人却陷入了绝望和恐惧。这本书尤其是为这些人而写的。

贫穷和富有常常交换场地。华尔街股灾将这个真相教给了世界，然而世界并没有长久地记住教训。贫穷惯于主动出击，抢占财富的地盘。而当财富取代贫穷，这样的转变往往需要经过精心的设计和小心地执行计划才能实现。贫穷不需要计划。它不需要任何帮手，因为它厚颜无耻又残酷无情。财富是害羞而又胆小的。它们需要受到"吸引"才会出现。

11 | 性欲转化的奥秘
THE MYSTERY OF SEX TRANSMUTATION

通往财富宝藏的第十级台阶

所谓"转化"，单纯从文字层面说，意思就是："一种元素或能量形式，改变或转移为另一种的过程。"

性欲最初只是一种心理状态。

由于我们在这一课题上的无知，这种心理状态常常和生理联系在一起，同时，由于在获取有关性的知识时受到了错误的影响，因此，对于大多数人来说，性欲的生理意义完全超过了心理意义。

事实上，性欲背后暗藏着三大建设性潜力：

1. 人类种群的存续。
2. 健康的维系（在治疗机构看来，它的功效是无与伦比的）。
3. 通过转化，令平庸者变身天才。

性欲的转化说来很简单，就是关乎心理的转变，将生理诉求的表达，转为另一种天性的表达。

性欲是人类欲望中最强有力的一种。在这种欲望的驱动下，人们能够爆发出他们前所未有的敏锐的想象力、勇气、意志力、持久的耐力和创造力。关乎性的渴望是如此强烈，如此具有驱动力，人类不惜甘愿押上生命与荣誉，也要沉溺其中。若是能够对这种驱动力加以约束，将其导向其他方向，同时保留它所具备的敏锐的想象力、勇气等一切属性，那么，它或许就能够变成一种强大的创造力，在文学、艺术或其他专业领域及行业里大放异彩，其中当然也包括了对财富的积累。

无疑，性能量的转化需要意志力参与其中，但回报是值得的。关乎性的欲望是人类天生就有的，是内在的，非常自然。欲望不能也不应该被压抑或禁绝。但它应当通过对人类身体、头脑和心灵有益的方式加以表现。如果不能通过转化，为它找到更有益的出口，它就会自动寻求纯生理的渠道来发泄。

河流可以被堤坝约束一时，但终究还是要找到一个出口。性冲动是同样的道理。它可以被压抑、被约束一时，但天性决定了，它终究要找到某种表达形式。如果不能转化为创造力，它就会去找别的不那么有价值的出口。

幸运的是，事实上，有人已经找到方法，可以通过一些创造性的努力为性欲开辟出口。例证就是他自己，通过这个发现，他将自己变成了天才。

性冲动是一种"不可抗力"，在它的作用下，不存在类似"岿然不动的身体"这样的对抗物。在这种情绪的驱动下，人类被赋予了超凡的行动力。理解了这一真相，你就抓住了通过性欲转化提升个人至天才状态的要点。

在性的冲动中，包含着创造力的秘密。

无论人还是野兽，若是被移除了性腺体，就也失去了行动力的最大来源。观察那些被阉割的动物身上发生的变化，你就能找到证据。遭到阉割的公牛会变得像母牛一样驯顺。无论男人还是野兽，阉割夺取了雄性气质，夺走了他 / 它身上原本存在的每一丝斗志。遭到性阉割的女性亦是如此。

十大头脑刺激

人类的头脑会对刺激产生反应，借助这种反应机制"紧张起来"，启动高频活动，生成我们称之为热情、创造力、强烈的欲望之类的东西。在任何时候都最容易引发头脑产生反应的刺激包括：

1. 性欲
2. 爱情
3. 对于名望、力量或经济利益、金钱的强烈欲望
4. 音乐
5. 同性或异性间的友情
6. 智囊团，两人或两人以上组成，基于和谐的配合，以提升精神或现世物质的共同目标组成的联盟
7. 他人的痛苦，比如宗教受迫害者经受的痛苦

8. 自我暗示

9. 恐惧

10. 酒精和麻醉品

这张清单依次列出了最能有效"提高"大脑的活跃度、推动身体的"轮子"运转起来的"刺激"，其中，性表达的欲望位居榜首。十项刺激中，八项是自然的、建设性的。两项是破坏性的。我们列出这份清单，是为了让你能够对大脑刺激的主要来源对比研究。通过研究，结论自然会表明，在很大概率上，性冲动都是所有大脑刺激中最紧张、最有力量的。

这样的对比研究是证明下面这个论述所必需的事实根基，即：性能量的转化，能够将人提升至天才的水平。让我们先看看天才意味着什么。

有自作聪明的人说，天才就是"留长发、吃奇怪东西、独身度日、为讲笑话的人提供笑料"的人。更好的定义是："天才是这样的人，他发现了提升思维活力的奥妙，能够自由沟通知识的源泉，思维能够触及的范围超越了普通思维活力的能力所及。"

有头脑的人对这个定义应该会想问问题。第一个问题会是："要如何才能超越普通思维活力所能及的范围，与知识的源泉沟通交流？"

下一个问题会是："是否已知有什么知识源泉是仅对天才开放的，如果有，这些源泉是什么，到底要怎样才能接触到它们？"

我们在这本书中阐述了很多重要的内容，理应为其中更加重要的部分提供足以证明其正确性的证据，或者说，至少也要提供可以让你借助它们亲自试验从而得出结论的证据。在这一过程中，以上两个问题应当都能够得到解答。

"天才"成就于第六感

"第六感"的存在是已经得到事实认定的。这里所说的"第六感"就是"创造性的想象力"。创造性想象力的功能是绝大多数人终其一生也不曾运用过的，就算用到，往往也都是无意中碰巧为之。只有很少人能够有意识、有目的地利用创造性想象力的功能。这些能够理解其功能，并主动运用的人，就是天才。

创造性想象力的功能在于直接将有限的人类大脑与无限智慧连接起来。宗教范畴里一切的所谓"启示"，发明领域里所有基本原理或新原理的发现，都是在创造性想象力的帮助下实现的。

每当有"点子"或"概念"在某人脑中灵光一闪，它们出现的渠道通常都是我们所谓的"直觉"，而内容的来源不外乎以下某一个或几个：

1. 无限智慧
2. 人的潜意识，潜意识里储存着通过五种感觉传递到大脑的所有感官印象和思维冲动
3. 他人头脑中刚好通过意识思维层面传递出来的思想、点子雏形或概念的草图
4. 他人的潜意识仓库

除此以外，再无其他"灵感""直觉"的来源为人类所知晓了。

当头脑的活跃度（经由某种形式的头脑刺激所激发）达到极高程度时，也就是说，当头脑以超出常规的普通思维活跃程度运转时，创造性想象力才能发挥最大的功能。

当大脑运动被上述十大刺激中的一项或多项激活，它就能将个人思维能力提升至远超平常状态的水平，使人能够获取更深远、更广阔、更高质量的思想，那是当人在考虑商业或常规专业性具体问题的低水平思维状态时所无法触及的。

人们一旦在某种形式的大脑刺激下攀升到了较高的思维水平，就相当于坐着飞机飞上了高点，拥有了比他原来站在地面上时大得多的视野范畴。此外，在更高的思维水平下，个体将不再受限于任何阻隔或限制其视野的刺激物，不再苦苦纠缠于解决衣、食、住这三项基本生存需求。他进入了一个全新的思维世界，在这个世界里，一切平凡的、日常的思维都被一扫而空，就像人坐飞机升上高空后，一切山峦、河谷和其他物理的视线障碍就消失不见一样。

当思想登上这样一架高空飞翔的飞机，大脑的创造能力便为行动插上了自由的翅膀。第六感扫清了道路上的障碍，此刻，一切以往无法通达的想法都能够在这条路上畅行无阻。"第六感"就是区分天才与普通人的能力标记。

创造力被运用得越多，个人对它的信赖程度越高，为了思想的灵光闪现，对它的需求越大，它就越敏感，越容易被个人潜意识以外的思维波动接收到。这种能力是可以通过运用实践来培养并逐渐发展的。

一个人的所谓"意识"，事实上完全是依靠第六感来实现运行的。

伟大的艺术家、作家、音乐家和诗人之所以伟大，是因为他们学会了信赖内心"微弱的声音"，这种声音正是借助创造性想象力来发声的。众所周知，那些"敏"于想象的人，他们最出色的创意往往都来自所谓的"灵感"。

有一位伟大的演说家，平常未见得伟大，然而，当他闭上眼睛，开始完全依赖创造性想象力的发挥时，情况便完全不同了。当被问到为什么要在演讲高潮到来前闭上眼睛时，他回答："我这么做，是因为我需要用发自内心的声音来说话。"

一个美国最成功、最知名的金融家也有在做决定前闭眼凝神两三分钟的习惯。被问到为什么这么做时，他的回答是："闭上眼睛，我才能得到来自非凡智慧源泉的指引。"

已故的马里兰州切维切斯的埃尔默·R. 盖茨博士[1]一生获得了两百多项实用专利，其中许多都是基础性专利。他所依靠的就是对创造力的培养和运用。对于有志成为天才人物的人来说（毫无疑问，盖茨博士就属于这个分类），他的办法有效而且颇有意思。盖茨博士是世界上真正伟大，却鲜为人知的科学家之一。

他的实验室里有个被他称为"个人沟通室"的房间。那是个

1　埃尔默·R. 盖茨博士（Dr. Elmer R. Gates，1859—1923），美国科学家、发明家，其发明包括泡沫灭火器、改良电熨斗等数百项。在进入二十世纪之交时，位于马里兰州切维切斯镇的埃尔默·盖茨实验室是当时全美最大的私人实验室。

隔音良好的房间，所有灯都可以关掉。房间里有一张小书桌，上面永远放着一叠草稿纸。桌子前面的墙上有个开关，可以控制灯光。每当想要运用创造性想象力来激发个人潜能时，盖茨博士就走进这个房间，坐在书桌前，关掉灯，将注意力集中在当前研究中已知的要素，就保持这样的状态，直到想法、"点子"开始在他的脑海中"闪现"，直指那项发明研究中未知的部分。

有一次，他的脑子里一下子涌进了太多想法，他不得不写了差不多三个小时。当思考停止流动时，他回头检查自己刚刚写下的笔记，发现其中包含一段详细的原理阐述，而在当时的科学界中，从没出现过类似的相关研究。而且，他所寻找的答案就巧妙地藏在这些笔记中。盖茨博士正是用这样的方式完成了超过两百项专利的发明，这些专利出自他"半熟"的大脑，却并非由这枚大脑完成。美国专利局里保存的资料完全可以证明这个说法的正确性。

盖茨博士靠"坐等灵感"来为自己和公司谋取生存的资本。美国最大的一些公司都曾经支付巨额费用购买他"坐等的灵感"，按小时计费。

推理能力常常出错，因为它在很大程度上受到个人经验的指引。并非所有得自"经验"的知识都是准确的。由创造能力传递出的想法往往更可靠，因为它们有着更加可靠的来源，远比个人大脑的推理能力准确可信。

天才和普通的"怪胎"发明家之间的最大区别，或许就在于一个事实：天才用创造性的想象力工作，而"怪胎"发明家对此一无所知。像爱迪生先生和盖茨博士这样的科学发明家，不但能够运用综合性的创造力，更善于发挥创造性的想象力。

举例来说吧，科学发明家，或者说"天才"，在开始一项发明创造时，凭借的是对已知的、根据经验累积得出的知识和原理综合整理，这就是综合性的创造力（推理能力）。一旦他发现这种累积性的知识不足以支撑他完成眼下的发明，那么，他就会求助于创造性想象力的作用，直接连通知识的各大来源。具体方法因人而异，但大致步骤不外如以下所述：

1.　他对自身大脑施以刺激，以期将其活跃程度提升至超越平常水准的水平。通常借助上文中列出的十大大脑刺激中的一项或多项，有时也包括他自己选择的其他刺激方式。

2.　他浓缩当年研究中已知的要素（已完成的部分），在脑海中勾勒未知要素（未完成部分）的完美蓝图。将这份蓝图在脑海中反复琢磨，直至它深入潜意识层面，然后，清空脑中所有的想法，等待答案自动"浮现"在脑海中。

有时，结果来得又快又明确。有时，大脑难免消极怠工。一切都取决于"第六感"（或者称之为创造力）的完善程度。

在成功研制出完善的白炽灯之前，爱迪生先生首先运用综合型创造力做出了上万种不同的设想，然后才"转向"创造性想象力，最终达成所想。他发明留声机的过程也很类似。

关于创造性想象力的存在，有一项非常可靠的证据足以为证。这项证据来自对各行业领袖人物的准确分析，这些人在各自领域中都备受尊崇，却并未接受过太多的常规教育。林肯，正是经由对个人创造性想象力的发掘与运用取得伟大成就的伟大领袖的典范。他发现这项能力，并开始有意识地使用，是在遇到安妮·拉特莉琪之后，那是"爱"的刺激的结果，是有关天才来源的研究中最具重大意义的一项例证。

绝大多数人距离成为天才非常遥远，许多人空有强烈的性欲，却因为对这种强大力量的误解和误用，将自己拉低到较低的动物层面。

为什么很少有人在四十岁之前成功

在对两万五千人分析后，我发现，人们很少在四十岁以前获得特别突出的成就，更多人要到五十岁以后才会摆脱按部就班、平平无奇的生活轨迹。这一事实非常惊人，也促使我倍加仔细地研究其中缘由，整个调查研究持续了二十多年。

一位美国最有才干的商人曾经坦言，迷人的秘书是他大多数计划诞生的原因。他承认，她的存在令自己得以站上创造性想象力的高地，这是其他任何刺激都做不到的。

一位全美最成功的人士将他的大部分成就归功于一位非常迷人的年轻女士，在超过十二年的时间里，这位女士是他源源不断的灵感来源。他是家喻户晓的人物，但却并非人人都知道他的成就真正来自何处。

历史上不乏另一类人物，他们依靠酒精和麻醉剂这样的人造刺激来达到天才的状态。埃德加·爱伦·坡写《乌鸦》时就处于酒精的作用下。"梦着凡人从不曾敢做的梦"[1]。詹姆斯·惠特孔·莱里最好的诗都是喝过酒以后创作出来的。或许只有这样，他才能看见"现实与梦幻交织，历历井然，河上的磨坊，溪上的迷雾"[2]。罗伯特·彭斯在沉醉迷乱中写下最美好的词句，"友谊万岁，朋友，友谊万岁，举杯痛饮"。

但是，请记住，许多这样的人到头来终究毁了自己。自然为我们准备了它天然的魔药，依靠它们，人类可以振翅高飞，接收到无人知晓来处的美好而珍稀的思想波——而且安全无虞！自然刺激的完美替代物从来就不曾出现。

人类的情感冲动主宰着世界，决定文明的命运走向。人受自身行为影响，起决定作用的更多是"感觉"，而非理性。头脑的创造能力完全依靠情感冲动才能注入行动中，而不是依靠冷冰冰的理智。而一切人类情感冲动之中，最强有力的就是性冲动。别的大脑刺激源也有，我们在前面已经列出了其中一部分，但没有一种能比得上性的驱动力，哪怕它们全部加起来也不行。

一次大脑刺激，就是一次对思维活跃度的提升，效果或许持久，或许只是一时。此前列出的十大主要刺激是最常被用到的。

1　埃德加·爱伦·坡（Edgar Allen Poe，1809—1849），美国著名诗人、作家、文学评论家，以短篇小说和诗作最为著称，小说风格神秘阴森，著述甚丰，代表作包括小说《黑猫》（*The Black Cat*，1843年）、诗作《乌鸦》（*Raven*，1845年）等等，引文即出自《乌鸦》。

2　詹姆斯·惠特孔·莱里（James Whitcomb Riley，1849—1916），美国诗人、作家，尤以方言诗和儿童诗歌著称，因此有"印第安纳山地诗人"和"孩子们的诗人"之称。引文出自其诗作《我甜蜜的老爱人》（*An Old Sweetheart of Mine*，1902年）。

经由这些力量之源，人们可以与宇宙智慧沟通对话，或是任意进入潜意识的仓库，无论是他自己的，还是其他人的。这是成为天才所必经的道路。

一名曾经培训并直接影响了三万余名销售人员的培训师收获了一项惊人的发现：最出色的销售者往往都是性感指数高的人。换句话说，我们平时所谓的"个人魅力"，其实恰恰就是性能量。天生性感的人往往拥有足够的吸引力。经由培养和理解，这种生命本源的力量能够被抽取出来，在人际关系中获取巨大的优势。这种能量可以通过以下媒介传递给他人：

1. 握手。手与手的接触能够立刻揭示一个人是拥有还是缺乏吸引力。

2. 声音声调。吸引力，或者说性能量，是能够渲染在声音中的，也能令其变得悦耳、迷人。

3. 体态和举止。天生具备强烈性感气质的人动作敏捷利落、优雅从容。

4. 思维的活跃度。天生具备强烈性感气质的人能够将性的情绪糅合在个人思维中，收放自如，同时通过这样的方式将其传递给周遭的人。

5. 衣饰妆容。高度性感的人往往也很注重个人的仪表。他们通常会根据自己的个性、体格、肤色容貌等选择一种着装风格。

招聘推销员时，有能力的销售经理往往首先看重应聘者的个人魅力。缺乏性能量的人永远不会拥有热情，也就无法以热情感染他人，然而，无论销售的是什么，热情恰恰是销售工作中最重要的素质要求。

无论是发言人、演说家、传教士、律师，还是推销员，若是缺乏性能量，便注定会是个"失败者"，除非他们能够学会感染他人。同样确凿无疑的一项事实是，绝大多数人都只能接收到情绪的感染。因此，你就能明白，作为一名销售人员的基本素质，性能量是多么重要了。销售大师们之所以能够达到大师级的销售技艺的境界，是因为他们在有意无意中将性能量转化成了销售的热情！这句话中蕴含着非常实用的提示，与性欲转化的现实意义有关。

懂得如何将注意力从性主题本身转开，导向为增加销售而做出的努力，并使之具备与指向其原初目标时同等的热情和决心，这样的销售者必然已经掌握了性欲转化的艺术，无论他自己是否知道这一点。绝大多数做到成功转化性欲能量的销售人员都从未察觉他们在做的是什么，也不知道自己是如何做到的。

实现性能量转化，所需要的意志力比普通人想象的更多。如果发现在转化过程中难以调动足够的意志力，不妨一步步来，这种能力是可以获取的。虽说对意志力有严格的要求，可是一旦成功，所有努力都将获得物超所值的回报。

关于完整的性课题，大多数人似乎都处于不可原谅的无知状态中。因为无知和淫邪的观念，性欲望遭到严重的误解、中伤和嘲弄。这样的误读如此根深蒂固，就连"性"这个字眼本身也很少在正经场合里被使用。无论男女，那些众所周知有幸得邀天眷——没错，就是受到了上天眷顾——而天生具备强烈性感气质的人，往往必须承受众人的目光。他们通常也不会被认为是受到了眷顾，相反，人们说他们"遭到了诅咒"。

即便在现在这个人性启蒙的时代，千百万人依旧备受自卑情结困扰，归根结底，还是因为他们错误地相信，天生性感是一种诅咒。这些对于性能量的正面阐述，不应被解读为放浪形骸的辩护词。只有在得到有鉴别力的明智使用时，性的欲望才是优秀的品质。它很容易被误用，甚至常常被滥用至误人身心的地步，而不是反过来充实人的体魄与心灵。本章的重点，就是告诉大家应当如何更好地运用这种力量。

毫无节制的性行为同纵欲、暴食一样有害。在我们生活的这个以战争为开端的时代里，纵欲司空见惯。没有人能够一边挥霍无度地浪费自己的创造性想象力，一边从中受益。在这一点上，人类是地球上唯一能够违背自然本能的生物。任何一种其他动物都只会顺应自然的目标，适度满足性本能。任何一种其他动物都只在"发情期"响应性的需求。人类却会期盼时时都是"开禁期"。

每一个有头脑的人都知道，过度的酒精或麻醉剂刺激都是一种放纵，它可能摧毁人体的重要器官，包括大脑。然而，却并不是每一个人都知道，过度沉迷性行为同样也可能是一种对创造力的破坏和损伤，与麻醉剂和酒精并无二致。

就本质而言，性瘾者与毒品上瘾者并没有什么不同！两者都同样是失去了对理性和意志的控制力。沉湎于性行为不但有害理性与意志力，更可能导致永久或暂时性的精神问题。由于对性的真正功能一无所知，导致养成错误的习惯，正是许多疑病症（幻想生病并表现出相应生理症状）患者的问题根源之所在。

由以上的简短分析中可以很容易看出，在性转化问题上的无知，一方面会招致严厉的惩罚，另一方面也在阻碍着人们获得相对应的巨大收益。

人类社会对性课题的普遍无知应当归咎于一个事实，即这个课题始终笼罩在神秘和死一般的沉默中。神秘与沉默共谋，在年轻人的心理上引发与禁酒令类似的效果。结果就是，对于这一"禁忌"话题的好奇与渴望越积越多。年轻人难以得到相关课题的信息，这是所有立法者和大多数医学从业者（他们是就这一课题领域接受过最完善的教育的人）的耻辱。

很少有人能在四十岁之前就在个人奋斗的领域内获得大成就。通常说来，个人创造力的巅峰时期是在四十岁到六十岁之间。这是基于对数万名男女的仔细考察与分析得出的结论。对于那些尚未年满四十，或徘徊在四十岁门槛上恐惧"老之将至"的人来说，这应当是个鼓舞人心的好消息。依照常规，四十岁到六十岁之间是一个人收获最丰厚的时期。人们应当昂首走向这个年纪，不但不害怕、不颤抖，反倒更应该满怀希望与热切的渴望。

如果你想要证据来证明大多数人在四十岁以前都没能进入最好的事业阶段，不妨从美国那些妇孺皆知的最成功的人入手，研究他们的生平，答案自然就会出现。亨利·福特直到过了四十岁才步入"出成绩的阶段"。安德鲁·卡耐基开始收获他奋斗的回报时早已年过四十。詹姆斯·杰罗姆·希尔四十岁时还在守着他的电报机，他最大的成就都出现在这之后。美国企业家、金融家的传记生平中充满了这样的例证，足以证明，四十岁到六十岁才是一个人最多产的丰收期。

在三十岁到四十岁之间，人们开始学会（如果他有心学习）性欲转化的艺术。这样的习得多半是偶然发生的，而且，已经习得的人很可能完全没有意识到自己的这一发现。他可能只是察觉到自己创造成绩的能力在差不多三十五岁到四十岁之间开始增长，大多数情况下，他并不清楚这一转变出现的原因——当个体进入三十岁至四十岁的年龄段时，自然便开始调和人们体内爱的情感与性的欲望，因此，个体便拥有了抽取这些伟大力量的可能，进而以之为刺激，激发行动。

"性"本身就是强有力的推动力，但它的力量更像飓风，常常都是失控的。而当爱的情感开始与性的冲动相融合，便会为之带来有意控制的冷静、精准的判断、镇定以及平衡。有谁会这样不幸，明明已经年满四十，却依旧无法理解这些论述，也无法以自身经验对其加以验证呢？

当男人仅仅出于性的情绪而产生取悦某位女性的欲望，并受其驱动时，他或许也能取得了不起的成就，这种情况甚至很常见，但他的行为多半都是混乱、扭曲甚至完全是破坏性的。单纯的性冲动所导致的取悦女性的欲望，在行动上很可能表现为偷窃、欺骗，甚至谋杀、犯罪。然而，一旦有爱的情感融入性情绪中，同样一个人，就必然会对自己的行为加以控制与约束，使之更冷静、更平衡、更理性。

犯罪学家发现，在一位女性的爱情面前，大多数原本积习难改的罪犯都能洗心革面，却没有证据证明单纯的性影响能够令浪子回头。人们早就知道这些事实，可对其中的缘由却不甚了然。如果一个人真的洗心革面，那么，发挥效力的一定是他的心灵，或者称之为情感的一面，而非大脑中理性的一面。"洗心革面"，意味着"心灵的转变"，而不是"大脑的转变"。人可以在理性的约束下改变自己的行为，以期避免引发不良后果，但真正的转变只能来自心灵，来自欲望改变所引发的心灵变化。

爱、浪漫和性都是能够驱动人类达成超凡成就的情感动力。"爱"的情感是保险阀，确保平衡、镇静和建设性的努力。当三种情感合力，就有可能将人送上"天才"的高度。当然，也有对爱一无所知或所知甚少的天才。然而，他们中的大多数都难免与某类破坏性的行为存在关联，至少也是难以对他人保持公平公正的基本态度。若非太过冒失，我们可以列出至少十几位工商界、金融界的这类天才，他们往往习惯于粗暴践踏员工的权益。他们似乎毫无良心可言。读者大可以自己列出这样的人物名单。

情感与情绪都是大脑的状态。自然赋予人类"大脑的化学反应"，它的工作原理与物质的化学反应非常相似。人人都知道，借助物质的化学反应，化学家能够利用原本完全无害的某些特定元素物质，以恰当比例混合，制造出致命的毒药。同样，当性与嫉妒混合，就会将人变成疯狂的野兽。

如果有任何一种或多种破坏性情绪经由大脑的化学反应生成，那就犹如吞下了毒药，这种毒药很可能彻底摧毁一个人的正义感和公平感。极端情况下，这类情绪的化合物一旦在宿主的头脑中出现，就会将理智完全毁灭。

天才的成长道路上要历经对性、爱、浪漫的发展、控制和应用。简单说来，具体过程如下：

鼓励这类情绪占据头脑，成为主导的一方，压制所有破坏性情绪的出现。头脑是习惯的产物。它受到占据主导地位的思想滋养。在意志力的作用下，人完全能够阻止任何一种情绪情感的出现，并鼓励另外某些情感情绪生成。借助意志的力量对头脑加以控制，这并非难事。控制源于坚持和习惯。控制的秘密在于理解转化的过程。通过一个转变思维的简单步骤，任何出现在人们头脑中的负面情绪都能被转化为积极的、建设性的情绪。

天才的道路没有捷径，唯有通过自发的努力！一个人，或许可以单凭性能量的驱动达成很高的经济或事业成就，但历史上无数的事例告诉我们，这样的人很可能——事实上也常常是——被剥夺了保有或享受其财富的能力。这很值得我们加以分析、思考乃至深思，因为它阐述了一个真理，这是一个对男人和女人同样有益的道理。在这一点上，无知令千万人失去了享受幸福的权利，哪怕他们拥有财富。

人类的艺术细胞与审美趣味能够在爱的情感中得以孕育、培养。即便爱的火焰被时间或环境扑灭，它的印记也早已烙在人的灵魂之上。

爱的记忆永远不会消失。哪怕刺激的源头干涸已久，它们依旧逡巡左右，引路照明，对人们施加着影响。这没什么新鲜的。每一个曾经为真爱动情的人都知道，它会在人心里留下持久的印记。爱的影响之所以能够持久，是因为它本质上就是精神的。如果连爱的刺激也无法激励其达成伟大成就，这样的人是无望的，因为他虽然看起来还活着，其实已经死去。

甚至仅仅依靠爱的回忆，就足以让人提升至创造性努力这一更高的层面。爱情最大的力量或许就是消耗自己，直至消失，就像燃烧自己的火焰，只是爱情能够留下不可磨灭的印记，证明它曾经来过。而它的离开也常常能敦促人们做好准备，迎接下一场更加伟大的爱情。

　　不妨偶尔回顾往昔，将思绪沉浸在逝去爱情的美丽回忆中。它们能缓和当下种种忧虑烦扰对你的影响。它们能给你营造一个庇护所，暂时逃避不愉快的现实生活——或许，就在这通入梦幻世界的短暂时间里，你的大脑会为你送上足以改变现实生活中整个经济或精神状态的主意或计划——谁知道呢？

　　如果你因为"曾经爱过，却已失去"，就认为自己是不幸的，快扔掉这种想法吧。真心爱过的人永远不会一无所有。爱情脾气古怪，喜怒无常。它天生就是朝生暮死、转瞬即逝的。它高兴了便来，不打招呼就走。如果它在，那就接受它，享受它，不要浪费时间担心它会离开。担忧永远无法将它唤回。

　　同样，把"一生唯有一次真爱"的想法也丢掉吧。爱情来来去去，没有定数，只是从没有两次爱情能给人留下同样的影响。一段爱情经历可能会在人心里留下比其他爱情更加深刻的印记（这是常常可以见到的情况），但所有的爱情经历都是有益的，除非当事人因为爱情的消逝而变得满心愤懑、愤世嫉俗。

　　对于爱情，不应有失望之说；如果能够理解爱与性两种情感的差异，人们也就不会有失望的感觉。两者最大的差别在于爱是精神的，而性是生物的。一切能够以精神力量触动人类心灵的体验都不会是有害的，除非这种体验来自无知或嫉妒。

毫无疑问，爱情是最伟大的生命体验。它将人带入与无限智慧的沟通交流中。若再能融入浪漫与性的情绪，爱便可以引领人登上创造性工作的阶梯极高处。爱、性与浪漫，是造就创造天才的三大永恒支柱。大自然生成天才亦是如此，除此以外别无他法。

　　爱这样一种情感，它有许多面目、许多色调、许多色彩。父母亲子之爱给人带来的情绪感受与情人爱人的爱迥然不同。爱情之中混杂着性的情绪，这是其他任何一种爱都没有的。

　　人们在真挚的友情中感受到的爱，与情爱之爱、亲子之爱也不同，然而，这也是一种爱。

　　此外，还有一种针对无生命物体的爱，比如对于大自然鬼斧神工的爱。但在如此多样的爱之中，最强烈、最炽热的依旧是爱与欲交织的体验。性与爱是婚姻中的永恒亲密伴侣，若无平衡适度的性来与爱调和，就不会有幸福的婚姻，而这种婚姻往往也难以持久。单靠爱，是无法为婚姻带来幸福的，单靠性也不行。只有这两种美好的情感与情绪交融，婚姻才能进入一种关乎心灵的状态，那可能是这个尘世间最接近崇高灵性的状态。

　　待到浪漫也加入爱情与性之中，阻隔在有限人类头脑与无限宇宙智慧之间的障碍便彻底一扫而空了。

　　这是一个与我们司空见惯的逸闻多么不同的故事啊。这是一种对情感的阐释，这种情感能够升华提高，超脱凡俗，它生于上帝手中的黏土，上帝将所有的美好与灵感都赋予了它。它是这样一种阐释，当它得到正确的理解，就能令太多婚姻中存在的混乱归于和谐。这些混乱常常表现为絮絮叨叨、吹毛求疵，根源或许就在于缺乏对"性"这一主题的理解。当爱情、浪漫、对"性"

的功能与情绪的正确理解都在场，夫妻间便再也没有"不和谐"的立足之地。

如果妻子明了爱情、性与浪漫之间的真正关系，丈夫便是幸运的。拥有这神圣的"三位一体"作为动力，便没有什么工作会是负担，因为哪怕是最卑微的工作，其中也闪耀着爱的光辉。

早有老话说过，"为人妻子者，或成就丈夫，或将他毁灭"，只是理智往往不能理解。所谓"成就"与"毁灭"，正是妻子懂得抑或不懂得爱、性、浪漫三种情感的结果。

尽管男性骨子里就带着天生的多偶倾向，然而，没有任何女人对他的影响能够超过他的妻子，这也是不争的事实，除非他刚好娶了一个完全与自己南辕北辙的女人。如果说，一个女人能放任她的丈夫移情别恋，大多数时候，原因都在于她对性、爱和浪漫这几项课题的无知或漠视。当然，这种假设有一个前提，那就是，夫妻间曾经存在过真爱。反过来，任由妻子移情别恋的男人也是一样的问题。

婚姻中的人们常常为了鸡毛蒜皮的小事争执吵闹。如果细细追究，这些问题的真正根源都在于对以上课题的无知或漠视。

男人最大的动力在于他取悦女人的欲望！早在文明的曙光破晓之前，史前时代的猎手们就是这样做的，因为他们渴望成为女人眼中伟大的人。就这一点而言，男人的天性从未改变。今日的"猎手"不再往家里带回动物皮毛，可他用精美的衣服、优质的汽车和漂亮的财富来展示他的欲望，取悦他的妻子。与文明曙光降临之前一心取悦女人的男人们别无二致，唯一改变的只是他取悦的方式。许多赚得了巨大财富、赢得了极高权力与声望的男人之所以走到这一步，主要还是为了满足他们取悦女人的欲望。

对于大多数男人来说，生命中若是没有了女性，财富便也没了用处。取悦女性，是男性与生俱来的欲望，正是这种欲望给了女人"成就"或"毁灭"男人的权力。

一个女人若能懂得男人的天性，并且懂得如何巧妙迎合，便无须害怕来自其他女人的竞争。男人在面对其他男人时或许会像个拥有不屈不挠意志的"巨人"，可面对自己选择的女人，他们很容易缴械投降。

大多数男人不会承认自己容易受到心爱女人的影响，因为男人的天性就是希望被看作人类种群中更加强势的一方。聪明的女人完全看透了这种"男子汉气概的特质"，非常明智地听之任之，并不把它当回事。

有的男人知道他们受到自己选择的女人影响，那或许是他们的妻子，或许是爱人，也或许是母亲、姐妹，可他们机智地避免、抗拒这种影响，因为他们足够聪明，能明白"没有合适的女人影响塑造，就没有幸福、完整的男人"。认识不到这一重要真理的男人等同于剥夺了自己成功道路上最大的助力，这种力量比其他所有力量加起来更加强大。

12 | 潜意识
THE SUBCONSCIOUS MIND

沟通的中转站
通往财富宝藏的第十一级台阶

潜意识是一个意识领域，一切通过五种感觉传递到客观心智而引发的"思想的冲动"都在这里被归类并记录，人类可以从中提取思想，就像从档案柜中抽出存档文件一样。

它接收并存储感官印象或思想、想法，不管它们的性质是什么。你可以主动向你的潜意识领域植入任何想要将其转化为对应的物质或金钱实物的计划、想法或目标。潜意识会首先执行最强欲望的指令，特别是融入了诸如信念等情绪感受因素的欲望。

结合"欲望"一章中的"六个步骤"和"有序的计划"的相关指南来思考，你就会了解思想传递的重要性。

潜意识昼夜不停地工作。通过人类所不曾知晓的某种工序，潜意识从无限智慧中提取力量作为动力，自动实施将人类欲望具现为其所对应物质实体的转化工作，它总会选择最实用的媒介，借以达成最终目标。

你没有办法完全掌控你的潜意识，但是可以主动向它传输任何计划，任何你希望能够转化为物质实体的欲望或目标。再读一遍"自我暗示"一章里有关运用潜意识的介绍吧。

大量证据都证明了，潜意识是沟通有限人类头脑与无限宇宙智慧的桥梁。它扮演着中介的角色，经由它，人们便能随心所欲地从无限智慧中汲取能量。它独力完成将脑力冲动修改并转化为相应精神的秘密工作。它独力挑起沟通媒介的责任，令祈祷得以抵达有能力作出回应的那个源头。

沟通潜意识的创造性努力拥有惊人且无法估量的潜能。它们予人灵感，令人敬畏。

每当与潜意识沟通，我总会感到自己的渺小卑微，或许是因为人类在这个课题上知道的东西实在是少得可怜。潜意识将人类思考与无限智慧相沟通，这一事实本身就是一种几乎能麻痹人类理智的想法。

一旦你接受潜意识是一种切实的存在，明了它作为能够将欲望转变为物质或金钱实体的媒介所拥有的潜能，你就能真正理解"欲望"一章中给出的指南的重要性。同时也会理解，为什么我们一再强调要厘清你的欲望，并将它们写下来。你还会理解，在遵照指南行事的过程中坚持的必要性。

事实上，十三大要素就是十三种刺激物，借助它们，你能够学到接触乃至于影响你的潜意识的能力。如果刚开始的尝试没有成功，不要气馁。要记住，唯有"习惯"才能调动潜意识，遵照"信念"章节的指引行事即可。目前你还来不及掌握"信念"。耐心一些，坚持下去。

在这里，我们会大量重复"信念"和"自我暗示"两章的内容，以利于你学会善用潜意识。记住，无论是否尝试主动施加影响，你的潜意识总在自动发挥作用。当然，这也就是在提醒你，那些有关恐惧、贫穷的念头和一切负面想法同样会对你的潜意识产生刺激，除非你能控制情绪与冲动，为它提供更值得的食物与养分。

潜意识从不闲着！如果你不能将欲望植入潜意识，它就会因为你的疏忽胡乱"进食"任何进入它领域的东西。我们已经解释过，消极的念头与积极的想法都在一刻不停地进入潜意识领域，它们来自我们在"性欲转化的奥秘"一章里提到过的四大源头。

就目前而言，如果你还能记得自己每天都"活在"各种各样纷繁复杂的"思想的冲动"之中，而这些"思想的冲动"统统都会在你没有察觉的情况下进入潜意识，那就足够了。这些思想冲动中有负面的，也有正面的。你现在要做的，就是尽力关掉负面冲动的输油管，以期通过正面的欲望的冲动，主动影响潜意识。

当你能做到这一点时，就拿到了打开潜意识大门的钥匙。而且，你将能完全掌控这扇大门，不让不良思绪影响你的潜意识。

人类所创造的一切，最初都是以思想冲动的形态出现的。没有最初的那一个闪念，人类什么也造不出来。在想象力的协助下，思想的冲动组装成为计划。人们选择自己的职业，然后在有控制的想象力的帮助下，找出成功的目标，制订出通往成功的计划。

所有指向其对应物质实体的思想冲动，若想在人的主观操作下扎根潜意识领域，则必定少不了想象力与信念参与其中。而信念的"参与"，它与提交潜意识的计划、目标的充分融合，也唯有借助想象力这一媒介来达成。

通过以上阐释，你必定已经看出来了，对潜意识的主动调用需要用到我们在这本书中提到的十三大要素的全面配合。

埃拉·惠勒·威尔考克斯[1]在作品中表达了她对潜意识力量的理解：

你永远不知道，一念之后有什么来到，

也许仇怨，也许爱情

念头是物，有翅羽如风

比负重的鸽子还要轻灵

它遵从宇宙的法则——

万物自有属性

它追寻你的所想，疾驰高飞

将报偿带回。

磁铁、模范或蓝本在化身实物的同时，也影响着潜意识。思想是真真切切的东西，因为一切物质都开始于思想的能量。

相比单纯的理智而言，掺入了"感觉"或情感的思想冲动更容易对潜意识产生影响。事实上，我们有大量证据可以证明，只有情感化了的思想才能对潜意识产生实实在在的影响。比如这样一个众所周知的事实：绝大多数人都会受到情感或情绪的支配。

1　埃拉·惠勒·威尔考克斯（Ella Wheeler Wilcox，1850—1919），美国女作家、诗人，代表作包括诗作《孤独》（*Solitude*，1883年）等，并出版有自传《世界与我》（*The Worlds and I*，1918年）。其诗作褒贬不一，但广为流传，多采取直白明快的方式表达喜悦与乐观的情绪。文中所引诗句出自她的《你永远不知道》（*You Never Can Tell*）。

如果说，潜意识真的更容易受到加入感情的思想冲动影响，并能更快地对其作出反应，那么，加深对相对重要的情感的了解，自然就是必不可少的了。我们总结出了七大主要正面情感和七大主要负面情感。负面情感会自动寻找思想冲动融入进去，确保能够深入潜意识领域。正面情感则不然，人们必须首先选择想要传递到自身潜意识的思想冲动，然后依照自我暗示的原则将它们注入其中（具体方法已经在"自我暗示"一章里详细阐述过了）。

这些情感或情绪的冲动有点类似面团里的酵母，它们是行动部队，能够促使消极被动的思想冲动行动起来。这样，人们或许就能理解，为什么带有情感的思想冲动会比纯粹"冷静理智"的原始思想冲动更有行动力。

现在，你已经做好准备，要开始影响乃至于控制你的潜意识这位"身体里的听众"了。你要将有关金钱的欲望传递给它，完成从思想到对应金钱实物的转化。因此，你必须懂得如何接近这位"身体里的听众"。你必须用它的语言说话，否则，它是听不到你的呼唤的。情感或情绪的语言最容易被听到。在这里，就让我们先看看七大主要正面情感情绪和七大主要负面情感情绪分别是什么，这样，当你向潜意识说话时，就能借助正面的情感情绪，避开负面的那些。

七大主要正面情感情绪

关乎欲望的情感情绪

关乎信念的情感情绪

关乎爱的情感情绪

关乎性的情感情绪

关乎热情的情感情绪

关乎浪漫的情感情绪

关乎希望的情感情绪

还有其他的正面情感情绪，但这七种是最有力，也是在创造性努力中最常用到的。掌握了这七种（实践是唯一的掌握之道），必要时，其他情感情绪自然也就能得心应手地为你所用。记住，就这一点而言，你所要学习的，是以正面情感和情绪占据头脑，从而建立起"金钱意识"。这也是本书希望帮助你达成的目标。脑海中充满负面情感和情绪的人是无法拥有金钱意识的。

七大主要负面情感情绪（需留意避免）

关乎恐惧的情感情绪

关乎嫉妒的情感情绪

关乎憎恨的情感情绪

关乎报复的情感情绪

关乎贪婪的情感情绪

关乎迷信的情感情绪

关乎愤怒的情感情绪

正面情感和负面情感不可能在脑海中相安无事地划地共处。总有一方占据主导，非此即彼。你的责任就在于确保正面情感情绪始终在你的脑海中占据统治地位。在这方面，"习惯法则"能帮上忙。具体做法就是养成供给和运用正面情感情绪的习惯！到最后，它们终将完全占据你的头脑，令负面情感情绪无机可乘。

严格遵循书中的指示，坚持下去，这是完全掌控潜意识的唯一方法。哪怕只有一种负面情感或情绪出现在你的意识层面，就足以摧毁所有潜意识可能提供的建设性帮助。

如果你是个拥有敏锐观察力的人，一定早就发现了，大多数人都只是在其他尝试统统失败之后才转而求助于祈祷！要不就是将祈祷当成日常形式，只是嘟嘟哝哝些毫无意义的词句。正因为大多数求助于祈祷的人事实上都处于走投无路的境地之下，他们脑中充斥着恐惧与疑虑，他们的潜意识基于这样的情感情绪行动，将它们传递给无限智慧。同样，无限智慧所接受到并采纳作为行事依据的，也是这些情感与情绪。

如果你为了一件事祈祷，却满脑子恐惧，害怕心愿不能达成，或怀疑无限智慧不会如你所愿提供帮助，那么，你的祈祷就是无用的。

有时候，祈祷能助人达成所愿。如果你曾有过这样的经历，不妨回忆一下，仔细想一想当初祈祷时你究竟怀着怎样的心态，然后就必定能够明白，我们在这里所阐述的理论远不止是一个理论而已。

总有一天，这个国家的学校和教育机构会开设一门课程，名叫"祈祷的科学"。到那时，祈祷或许会成为一门学科。到那时

（只要人类准备好接纳它，认识到需要它，这个时代就会马上到来），将不再有人以恐惧之心沟通"宇宙意识"，原因听来非常美妙——因为到那时，恐惧将不复存在。愚昧、迷信和错误的教育将消失无踪，人类将回归本源的状态，成为无限智慧的孩子。如今已经有人（虽然不多）得到了这份天赐之福。

如果你觉得这样的预言牵强附会，那就回头看看人类的过往吧。不到一百年前，人类在闪电面前还惊慌恐惧，认为那是神明在发怒。如今，感谢信念的力量，人类已经能够驾驭它，利用它推动工业的车轮前行。几十年前，人类还相信星球之间是什么都没有的虚空，是死一般的虚无。如今，同样要感谢信念的力量，星球与星球之间绝非死地或虚空，那里有着勃勃的生机，那里有人类所知的最高等级的律动——或许应该除开思想波。甚至，人类还知道了，这种鲜活的、搏动着、震颤着的能量充盈在一切物质的每一粒原子之中，弥漫在每一处缝隙空间之中，连接起每一个人与其他人的头脑。

既然如此，有什么理由觉得，同样是这一种力量，就不能将每个人的头脑与宇宙智慧连接起来呢？

有限的人脑与无限的宇宙智慧之间从来不设收费站。除了耐心、信念、坚持、理解和真挚的欲望之外，这种沟通不收取任何费用。此外，这样的接触只能由个人亲自发起。花钱请人祈祷是没有用的。无限智慧不接受来自中介代理的业务。你要么自己来，要么不来。

你可能买来祈祷书，一辈子重复念诵，却徒劳无功。思想必须经过转换才能连通无限智慧，这样的转换只能由你自己的潜意识来完成。

　　个人与无限智慧的沟通方式，与广播中声波的传递方式很类似。如果懂得广播的工作原理，你当然就知道，除非经过"调频"，或者说将声波的震动频率提高到人耳分辨不出的程度，否则声音是无法经由以太传输的。广播发射站拾取人声信号，加以"变频"或编码，将其震动频率提高上百万倍。只有这样，声波才能在以太间传递。经过这样的转换，以太"拾取"其能量（它的原始形态就是声波），将这种能量送到各广播接收站点，接收设备将能量调回最初的震动频率，将它们恢复成我们人耳所能识别的"声音"。

　　潜意识就是其中的中转工厂，它将我们的祈祷转化为无限智慧能够识别的语言，发出信息，并带回答案，以"明确的计划"或"点子"的形式呈现给祈祷者。理解了这一原理，你就会明白，为什么单凭念诵祈祷书上的文字无法实现人脑与宇宙智慧的沟通交流，它们永远不可能充当沟通的媒介。

　　在你的祈祷送达无限智慧之前，它多半已经完成了由最初的头脑波动到精神波动语言的形态转化（这仅仅是我个人的理论）。迄今为止，所有能够赋予思想以精神属性的媒介中，信念仍然是人类已知的唯一选择。信念与恐惧不共戴天。一个的安身之处，必然没有另一个立足的空间。

13 | 大脑
THE BRAIN

思想的广播站与接收台
通往财富宝藏的第十二级台阶

二十多年前，我与已故的亚历山大·格雷厄姆·贝尔博士[1]和埃尔默·R.盖茨博士共事，当时就观察到，每个人的大脑都同时扮演着"思想波"的广播站与接收台。通过类似于广播信号传输的原理，借助以太作为媒介，每个人的大脑都能够接收到其他大脑释放出的思想波动讯号。

联系此前已经探讨过的内容，对比并思考"想象力"一章中关于"创造性想象力"的描述，我们可以得知：创造性想象力就是大脑的"接收器"，它负责接收来自其他大脑的思想波讯号。它是交流的中转站，连通人的显意识（或者称之为"理性头脑"）

---

[1] 亚历山大·格雷厄姆·贝尔（Alexander Graham Bell，1847—1922），发明家、科学家、工程师，被认为是现代电话的发明人。出生在苏格兰，后移居美国。美国电话电报公司（American Telephone and Telegraph Company，AT&T，1885年创立）的前身即为保护其发明专利而成立的贝尔专利协会（Bell Patent Association，1874年成立）。

与人类可以接收到的四大思想刺激源。

当受到刺激，或被"调频"到高波段频率，大脑就会更加敏锐地感知并接收到外界通过以太传递而来的思想波动。这种"调频"的过程通常由正面或负面的情感情绪激发。情感情绪能够提升思想的波动频率。

只有极高频的波动才能穿过以太，在人与人的大脑间实现交换。思想是一种以极高频率震动的能量。经过某种主要情感情绪的编码或"调频"后，思想可以达到远远高出常规的波动频率，正是这种频率，才能够借助人脑的广播系统，从一个大脑传递到另一个。

"性"是人类情感情绪中最强烈也最具驱动力的。一旦头脑接受到性的情感情绪刺激，它的波动频率就会立刻大幅提升，远远超过这种情感情绪蛰伏时的状态。

性欲转化的结果，就是思想波动频率大幅提高，直至能够激发创造性想象力，极大提升它对"点子"的敏锐性和接受度，从而在以太中将其捕获。另一方面，当大脑进入高频波动状态，它不但更能够借助以太吸引来自他人大脑的思想和"点子"，同时也会为自己的思想注入"情绪"，而后者正是思想能够获得自身潜意识接纳并成为其行动依据所必不可少的基本要素。

如此可见，在将情绪情感注入思想，并使之为潜意识所接纳的过程中，广播原理正是我们需要借助的规则。

潜意识是头脑的"发射台"，思想波通过它得以向外广播。创造性想象力是"接收器"，以太中的思想波由它拾取接收。

现在，不妨结合潜意识的各大重要因子、创造性思维的功能

（这两者组成了你的精神广播装置的收发系统），回头再看一看"自我暗示"要素，它作为中间介质，将帮助你启动你的"广播站"。

温习过"自我暗示"一章里关于实践操作的指南后，你应当已经明确知晓如何将欲望转化为对应金钱实物的方法。

操作精神"广播站"的步骤相对简单。你只需在大脑中记住三个要素，并在希望启动你的广播站时加以运用即可。它们是：潜意识、创造性想象力和自我暗示。启动这三大要素运转的刺激源我们已经讨论过了——欲望是所有步骤的起点。

最伟大的力量是"无形的"

大萧条恰恰将世界引到了认识肉眼不可见的无形力量的大门前。在过去的岁月里，人类太过于依赖自己的身体感知，将认知局限在了看得见、摸得着、可称重、可度量的实物范围内。

如今，我们正在走进有史以来最伟大的时代，这个时代将教会我们认识存在于我们这个世界的无形的力量。或许，经过这个时代以后，我们会发现，跟镜子里那个实实在在的"自己"比起来，还存在着"另一个自己"，而且后者更加强大。

有时人们谈起"无形的东西"来难免不以为然——这类东西不能为人类五种感觉中的任何一种所感知。然而，当它们被提及，我们应当提醒自己，我们每一个人都身在看不见的无形力量之间，受到它们的掌控。

波涛汹涌的海洋蕴含着无形的力量，集全人类之力也不可能与之抗衡，更别说驾驭。重力是无形的力量，令这颗小小的地球能够悬浮在宇宙中，让人们不会从地面坠入空中，可人类对重力都无力理解，更不用说还有掌控着重力的更高力量。人类在雷电风暴的无形力量之前匍匐颤抖，面对电的无形力量茫然无措——不，人类甚至不知道电究竟是什么，它从哪儿来，要到哪里去！

人类对于无形无影之物的无知还远不止于此。我们同样不明白土地中蕴含的无形力量（与智慧）——我们吃的每一口食物，穿的每一件衣衫，口袋里装着的每一枚钱币，都是这种力量的赐予。

大脑的传奇故事

最后一点，但绝非最不重要的一点在于，在人类引以为傲的种种文化与教育中，对思想的无形力量（这是所有无形力量中最伟大的一种）所知极少，甚至于完全没有。人类对大脑这种器官所知甚少，对它那能够将思想之力转化为对应物质实体的庞大装置网络与复杂运行机制所知甚少。然而，我们已经来到了这个课题的启蒙时代。从事科学研究的人们已经开始将他们的目光转向这个被称为"大脑"的惊人物体。虽说研究还处于幼儿园阶段，但他们已经有了足够多的发现，能够揭示一些有关大脑总控中枢的奥秘，能够知道，那些连接细胞与细胞的神经线多得惊人，数量级是"一"后面跟上一千五百万个"零"。

"这个数字非常惊人，"芝加哥大学的 C. 贾德森·赫里克博士说，"相比之下，天文领域用来应对万亿级别数字的光年单位都显得微不足道了……我们现在已经确认的是，人类大脑皮层中所包含的细胞数量介于一百亿到一百四十亿之间，并且，我们知道，这些细胞的排列有着一定的模式。它们的排列不是随机的。它们井然有序。最近完善起来的电生理学方法能够精准定位，利用微电极引导细胞或纤维中运动的电流，再借助电子管将它们放大，从而测到百万分之一伏特量级的电位差。"

很难相信，这样庞大复杂的一套系统网络，存在的目的仅仅是为了满足人体生长和生存的简单物理需求。既然如此，这样一套以至少百亿脑细胞作为人与人沟通交流媒介的系统同样能够达成人脑与其他无形力量的沟通交流，难道不是非常合理的假设吗？

就在本书已经完稿，即将送交出版社之际，《纽约时报》上刊载了一篇评论文章，告诉我们，至少有一所了不起的大学和一名智慧的研究者在精神现象领域展开了有规划的研究，其研究结果有多处与我们在本书中阐述的理论相一致。评论文章对莱茵博士[1] 与他在杜克大学的合作者共同开展的这项研究工作做了概要的分析评述，全文如下：

"心灵感应"是什么？

一个月前，本栏目刊载了杜克大学莱茵教授及其同事一些

---

[1]　这里指的有可能是约瑟夫·班克斯·莱茵（Joseph Banks Rhine，1895—1980），原本是名植物学者，后创立"超心理学"，俗称"通灵学"，在杜克大学设立实验室开展相关研究。

令人瞩目的研究成果，他们为验证"心灵感应"与"超常感知力"的存在，操作了超过十万例实验。根据实验结果分析，目前已有两篇文章刊发在《哈珀斯杂志》[1]。在刚刚发表的第二篇文章中，作者 E.H. 赖特先生试图对以下问题加以概括：就这些"超感官"认知模式的确切本质而言，研究成果揭示了什么，或者说我们可以做出哪些合理的推断。

基于莱茵博士的实验结果，部分科学家现在认为，心灵感应与超常感知力有可能的确真实存在。实验请来各种不同类型的超常感知者，让他们说出放置在特殊包装内的若干纸牌的牌面究竟是什么，参与实验的感知者看不到纸牌，也不能通过其他任何感知方式直接接触到它们。大约有二十名男女可以准确辨认出相当数量的纸牌，而"仅凭运气或巧合做到这个程度的概率还不到一万亿分之一"。

那么，他们究竟是怎么做到的呢？假设真的有这种力量存在，它们看来并不是某种感官知觉。目前没有任何已知的人体器官能够对接这种力量。同样的实验在相距数百英里的条件下也进行了远距离尝试，结果与前面提到的室内实验并无不同。在赖特先生看来，这些事实决定了，人们会倾向于在物理辐射理论中寻找"心灵感应"和"超常感知力"的解释。在所有已知的辐射形式中，其能量强度全都与传播距离成反比衰减。心

1　《哈珀斯杂志》(*Harpers Magazine*) 创立于1850年，是美国历史最悠久、连续出版时间最长的综合性大众通俗月刊之一，内容覆盖文学、文化、政治、经济、艺术等等。

灵感应和超长感知力不是这样。但它们的确因物理条件的不同而有所差异，这一点与我们人类的其他精神力量没有区别。与常见认知相悖的是，它们并不会随着个体感知力进入沉眠或半沉眠状态而有所增强，恰恰相反，个体越是清醒、警觉，它们越强大。莱茵发现，在麻醉品的作用下，感知者的测试得分必定降低，而刺激则能够令其有所提高。表现最稳定的人也唯有在全力以赴时才能取得好成绩。

赖特有信心确认的一项结论是："心灵感应"和"超凡感知力"事实上是同一种天赋能力。也就是说，能够隔着桌子"看见"牌面的能力，与能够"读到"他人脑子里想法的能力，是完全一样的。他列举了若干理由来证明这一点。比如，到目前为止的发现显示，这两种天赋总是共存于同一个人身上。同样到目前为止的发现显示，在每一个超常感知者身上，这两种天赋总是表现出同样的活力，几乎分毫不差。屏幕、墙壁、距离等对其中任何一种都毫无影响。从这一结论出发，赖特进一步推断，以往只是被简单统称为"预感"的其他种种超感官体验、预示性的梦、对于灾祸的预感以及类似体验，很可能也都是这种能力的不同表现方式。读者不必立刻接受以上任何一条结论，除非他自己觉得有必要对其加以承认，但绝不应当忘记莱茵博士展示出来的大量实证。

在莱茵博士称之为"超感知"的认知模式获得人脑意识响应之条件这一课题上，基于他所发布的公告，在此，我有幸为他提供补充证明，证据来自合作者与我的研究，我们发现，在理想条件下，人的大脑能够经由刺激而激发第六感，使其发挥切实的作用。有关第六感，我们将在下一章详细阐述。

我所说的理想条件之一，就是我本人与两位团队成员之间的密切合作。通过实验和实践练习，我们找到了激发大脑以解决现实生活中各种个人问题的方法，这些问题都来自我的客户。我们利用下一章将谈到的方法，与"看不见的咨询顾问"联络沟通，同时通过一定步骤将我们三个人的头脑合而为一，最终找出各种纷繁问题的解决方案。

步骤很简单。我们坐在会议桌前，清楚地阐述我们各自考虑后所认为的问题本质，然后开始讨论。每个人都提出自己能够找出的一切设想。这种大脑刺激法的奇特之处在于，它将所有参与者都放在了与未知知识来源沟通的位置上，而这些知识显然超出了他本身阅历的范畴。

如果你理解了"智囊的力量"一章中谈及的原理，自然也就能分辨出，这里所说的圆桌步骤正是一种"智囊团"要素的实际应用方式。

这种在三个人之间，通过针对明确议题的和谐讨论来刺激大脑的方法，正是"智囊团"元素运用的最简单有效的例证。

不妨尝试着也制订一个类似的计划，并遵照执行，这样，只要是学习过本书哲学的学生，就一定能够掌握著名的卡耐基公式——对此，我们在"序幕"里简单介绍过。如果此时此刻，你还觉得它毫无意义，不妨先在这里做个标记，等读完整本书以后再回头来看一看。

相信你一定会更有体会。

14 | 第六感
THE SIXTH SENSE

智慧殿堂的大门
通往财富宝藏的第十三级台阶

第十三个要素被称为"第六感"，透过它，无限智慧可以主动与个人发生交流，无须个人提出要求或做出任何努力。

这个要素是我们这套哲学的顶点。只有在首先掌握了其他十二大要素之后，它才有可能被理解、吸收并运用。

第六感是潜意识的一部分，也就是我们所说的"创造性想象力"。同时，它也是大脑的接收装置，用于接收"点子"、计划和思想的灵光一闪。这种"灵光"有时也被称为"预感"或"灵感"。

第六感拒绝被描述！对于尚未掌握这套哲学中其他要素的人来说，它无法借助语言描述得以呈现，因为这样的人不具备可以用来类比理解第六感的知识与经验。要理解第六感，唯一的途径是借助冥想，实现个人内在心智的成长。第六感很可能是沟通有限的人脑与无限宇宙智慧的媒介，由此看来，它应当兼具大脑心智与精神心灵的双重属性。它还被认为是人脑与"宇宙之脑"连接的接触点。

当你掌握了本书讲述的所有要素后，就已经准备好了接受如下通常看来很难接受的事实，也就是：

在第六感的帮助下，你能及时得到关于危险的警报并避开它们，也能及时得到关于机会的提示，以便拥抱它们。

随着第六感的发展，你将得到一位"守护天使"的帮助，它会听从你的要求行事，随时为你打开"智慧殿堂"的大门。

除非亲自按照本书所提供的指南或类似方法加以验证，否则你永远不会知道，这种说法究竟是不是正确的。

我并非"奇迹"的信徒，更非鼓吹者，因为我对自然足够了解，明白它绝不会背离自己设定的法则行事。只是它的某些法则实在太过复杂难解，以至于它们的产物看起来就像是"奇迹"一样。在我的个人经验中，第六感是最接近"奇迹"的东西，之所以如此，也只是因为我不了解这种要素生效的原理罢了。

但有一点是我能够确定知道的：有这样一种力量，或者称之为"第一因"，或者称之为"一种智慧"，它弥散于每一粒物质的原子中，包裹在每一个能够为人类所感知的能量集合周围；正是这种无限智慧，让橡子长成大树，让水遵从重力法则从高山流下，让黑夜紧接白昼，让冬夏交替，让万事万物都处在各自合适的位置上，保持相互间合适的关系。在我们的哲学看来，这种智慧可以被借用，帮助我们实现从欲望到实物或物质形态的转化。笔者懂得这一点，是因为我实践过，亲自见证过。

通过前面的章节，你一步一步走到了现在，来到了这最后一大要素面前。如果掌握了此前所有要素的内容，那么，你就已经做好了准备，要毫无疑虑地接受我们在这里提出的惊人论述。如果还有其他要素没有掌握，你必须暂停一下，先将它们吃透，然后才有可能明确判断出本章提出的观点究竟是事实还是虚构。

当我还处在"英雄崇拜"的年纪时，我发现自己总在试图模仿那些我最崇敬的人。此外，我也发现了，在努力模仿偶像的过程中，信念这一要素给了我强大的力量，让我可以模仿得非常成功。

尽管早已过了那样的年纪，我却始终没能彻底改掉这种英雄崇拜的习惯。个人经验告诉我，如果暂时还没能成为真正伟大的人物，那么次一级的出色做法就是，通过体会和行动，去模仿伟大人物，尽可能接近他们。

早在很久以前，那时的我还没有写下过任何一行准备用于出版的文字，也没有为在公众面前发表任何一场演说而尝试努力，却已经养成了通过模仿来改造自我个性的习惯。我的模仿对象是九位在个人生活和毕生事业方面最打动我的人物。这九个人分别是：爱默生、潘恩 [1]、爱迪生、达尔文、林肯、伯班克、拿破仑、福特和卡耐基。

在长达若干年的时间里，每天晚上，我都会在脑海中想象与

---

[1] 托马斯·潘恩（Thomas Paine，1737—1809），出生在英国，1774年在本杰明·富兰克林的帮助下移居美国，是政治活动家、政治理论家、哲学家和革命者。他的两套小书《常识》（*Common Sense*，1776年）和《美国的危机》系列（*The American Crisis*，1776—1783年）是美国独立战争爆发之初的号角；1790年前往法国参与法国大革命，撰写《人权论》（*Rights of Man*，1791年）为大革命张目；1793年至1794年在法国入狱期间写下《理性时代》（*The Age of Reason*），赞同自然神论，宣扬理性与自由思想，质疑传统宗教，特别是基督教。

他们的会议，我称他们为我的"隐形顾问团"。

　　具体程序是这样的：每晚睡觉前，我闭上眼睛，在想象的画面中，看着这群人和我一起围坐在会议桌前。在那里，我不只有机会与这群我心目中的伟人坐在一起，事实上，是我在主导着这个团体，因为我是主席。

　　我沉迷于这些想象中的夜间会议，而且拥有一个非常明确的目标。我的目标就是，重塑我的个性品质，令其能够博采我的各位隐形顾问之所长。就这样，在人生的起步阶段，我很清楚自己出生在愚昧迷信的环境中，也意识到自己必须克服出身条件导致的种种不足，因此，我有意识地为自己安排了通过上述方法实现"自主重生"的任务。

通过自我暗示塑造个性

　　作为一名好学的心理学学生，我当然知道，任何人之所以成长为他成为的样子，根源就在于他们最主要的思想和欲望。我知道，每一种深植人心的欲望都有着推动人类去寻求外在表达的力量，通过这样的表达，欲望有可能转化为现实。我知道，在个性塑造中，自我暗示是一种强有力的因子，事实上，仅凭它这一大要素，就足以独力完成个性的塑造。

　　了解了这些大脑运作要素的知识，我便已经为自己装备好了重塑自我个性所需的良兵利器。在这些想象的顾问会议中，我向我的"内阁"成员提出请求，索取我希望他们提供的知识，用有声的语言让他们听到我的存在，就像这样：

爱默生先生，我渴望获取你那对于自然的非凡理解，它们令你与众不同。我请求你，进入我的潜意识，留下你所拥有的任何品质的印记，只要这些品质能够让你理解并遵循自然的法则。我请求你，帮助我找到能够指向这一目标的任何知识源泉，并帮助我从中汲取知识。

伯班克先生，我要求你授予我知识，这些知识令你与自然相处得如此和谐，让你竟能令仙人掌褪去尖刺，变成可以入口的食物。请允许我使用你的所知，它们让你在只生长单叶草的地方育出了双叶，帮助你为花朵调色，使之更加绚烂悦目，只有你，能成功为百合镀金。

拿破仑，我渴望效仿你，想要获得你那激励众生的伟大能力，它曾唤起他们更强大、更坚定的行动的精神。我还想拥有令你保持信念的精神，它让你能够克服艰难险阻，反败为胜。命运之主，机会之王，天命之人，我向你致敬！

潘恩先生，我渴望得到你自由的思想，清晰表达坚定主张的勇气与能力，它令你如此与众不同！

达尔文先生，我希望拥有你那非凡的耐心，研究因果起源的能力，没有偏好，没有偏见，就像你在自然科学领域展示出来的那样。

林肯先生，我渴望在自己的个性里建立你强烈的正义感、永不倦怠的忍耐精神、幽默感和同情、理解、宽容，它们都是你最引人注目的个性。

卡耐基先生，我感激你，帮助我选择了毕生的事业，它为我带来了巨大的幸福和心灵的平静。我希望透彻理解自主奋斗的原理，你曾如此有效地利用它们创立了一个伟大的工业企业。

　　福特先生，你是对我的工作帮助最大的人之一，你为我提供了许多素材。我希望得到你坚韧的精神、你的决心、镇定、自信，它们令你能够克服贫苦困难，组织、统合众人之力，使目标单纯。如此，我就能帮助其他人追随你的脚步。

　　爱迪生先生，我让你坐在离我最近的地方，在我的右手边，因为你个人曾为我有关成功与失败原因的研究提供合作。我希望从你身上得到非凡的信念的精神，凭借它，你解开了如此多的自然之秘；还有你不懈努力的精神，它帮助你一次又一次从失败中站起，赢得胜利。

　　我对大脑"内阁"成员说的话每次都不尽相同，取决于我当时最迫切希望获得的性格特质。我精心研究过他们每个人的生平。这样的夜间会议坚持了几个月之后，我震惊地发现，这些想象中的人物似乎活过来了。

　　他们九人全都发展出了自己的个性，这些个性很令我惊讶。比方说吧，林肯养成了迟到的习惯，来了就在屋里踱来踱去。他总是走得非常慢，双手背在身后交握，每过一阵子，就在经过我身后时停下来，把他的手按在我的肩膀上。他脸上总是挂着肃穆的神情。我几乎没见过他笑。国家分裂的忧虑令他心情沉重。

　　其他人则不然。伯班克和潘恩常常沉醉于妙语连珠的机敏对答，有时似乎甚至让其他内阁成员感到震惊。一天夜里，潘恩建议我准备一篇有关《理性时代》的演讲，到我曾经加入的教会讲坛上去发表。桌边许多人都痛快大笑起来。除了拿破仑！他撇着嘴角，大声抱怨嘟囔，引得众人全都吃惊地转头看着他。在他看来，教会只不过是国家政权的一枚棋子，不必费心改革，拿来使用就行，图的只是方便煽动民众起来行动。

有一次，伯班克迟到了。进门时，他兴奋极了，解释说他迟到是因为正在做一个实验，他希望能让所有树上都结出苹果。潘恩批评说，别忘了男人和女人之间的一切麻烦就是从一个苹果开始的。达尔文忍不住一边轻声笑着，一边提醒潘恩，到林子里摘苹果时要小心小蛇，因为它们总会长成大蛇。爱默生旁观沉吟："没有蛇就没有苹果。"拿破仑发表评论："没有苹果就没有国家！"

每次会议结束后，林肯总习惯最后一个离开。有一次，他靠在桌子一头，双臂交叠一动不动，保持这个姿势坐了很久。我不想打扰他。最后，他慢慢抬起头，站起来朝门口走去，却又中途转身走回来，把他的手按在我的肩膀上，说："孩子，如果你要坚持朝着自己的目标走下去，会需要很多勇气。但要记住，如果磨难降临，普通大众会用他们的常理做出判断。逆境会帮助你成长。"

一天晚上，爱迪生比其他人到得都早。他走过来，坐在我的左手边，那是爱默生平时坐的位子。他对我说："你注定要见证生命的秘密被揭开。到那时，你会看到，生命是由大团大团的能量组成的，或者，你也可以说那是实体存在，它们全都拥有智慧，就跟人类自以为拥有的一样。这些生命体像蜂群一样聚集在一起，除非不再和谐，否则永远不会分崩离析。和人一样，这些能量体有各自不同的见解，相互间常常有争斗。你召集的这些会议会对你大有帮助的。它们会将一些东西带到你身边，那都是在你的'内阁'成员们生前曾经辅助过他们的能量体。这些能量体是永恒的。它们永生不死！你自己的思想和欲望就像磁石，自外在的茫茫生命海洋中吸引鲜活的能量体。只有友好的能量体之间才能相互吸引——它们与你的欲望本质相合。"

这时，另一位"内阁"成员走进房间。爱迪生站起来，绕着桌子慢慢踱回他自己的位子。那时候爱迪生还活着。这个经历实在太叫我印象深刻，因此我忍不住去见爱迪生，告诉了他。他露出一个大大的开怀笑容，说："你的梦比你所能想象的更加真实。"他没有再多作解释。

这些会议越来越真实，我都开始害怕它们会带来怎样的后果了。于是，我中断了几个月。这些体验太过离奇，我担心继续下去会忘记那不是现实，纯粹只是脑海中的想象。

大约在这项实践中断了六个月之后，有一天，我半夜醒来——也可能只是以为自己醒了——我看见林肯站在我的床边。他说："很快，这个世界就会需要你的服务了。世界会经历一段混乱时期，男人和女人们会因此失去信念，变得恐慌，备受困扰。继续你的工作吧，完成你的哲学理论。那是你的人生使命。如果放弃这项使命，无论出于什么原因，你都会被打回原点，被迫重新体验在过去千万年里你曾经经历过的一切。"

第二天早上醒来，我说不清自己究竟是梦到了这个，还是真的醒来过，那以后我再也没有过这样的体验。可我明确知道的是，这个梦（如果它是个梦）在我的脑海中是如此鲜活真实，因此，第二天晚上我就立刻重启了我的"内阁"会议。

在这次会议上，我的"内阁"成员全部到齐，都围着会议桌站在他们平时的位置上。这时，林肯举起酒杯，说："先生们，让我们举杯欢迎我们的朋友归来。"

从那以后，我开始向我的"内阁"引入更多新的成员，到如今，已经有了超过五十名成员，其中包括耶稣、圣保罗、伽利略、哥白尼、亚里士多德、柏拉图、苏格拉底、荷马、伏尔泰、布鲁诺、斯宾诺莎、杜伦孟德、康德、叔本华、牛顿、孔子、阿尔伯特·哈伯德、布莱恩、英格索尔、威尔逊和威廉·詹姆斯[1]。

这是我第一次有勇气说出这个故事。在此之前，我一直对它缄口不言。因为，以我自己面对这类事情的态度看来，我知道，如果将这样不寻常的经历讲出来，我一定会遭到人们的误解。如今我敢于鼓起勇气将自己的经历写在即将付梓的书稿里，是因为到了今天，我已经不再那么在乎"他们说"什么了，相比之下，我更在意自己这些年来的经历。成熟的一大优点是，有时候人会更勇于选择诚实，不去管那些不理解自己的"其他人"会怎么看，怎么说。

为尽可能避免被误解，我想在这里特别强调：我很清楚我的"内阁"会议纯属想象，我的"内阁"成员纯属虚构，所有会议

1　威廉·詹姆斯（William James，1842—1910），美国哲学家、心理学家，有"美国心理学之父"的称号，美国开展心理学教学第一人，十九世纪末重要的思想家。

都仅存于我自己的想象中，但是，我依然相信自己有权认为，正是他们，引领我踏上辉煌的探险之路，重新点燃我对"真正的伟大"的欣赏，鼓励我的创造性努力，令我有胆量表达自己真实的想法。

在我们大脑的细胞结构中某个未知的地方，藏着一个用来接收人们通常称为"预感"的思想波。到目前为止，科学家还没能发现这个有关第六感的器官到底在哪里，但那不重要。事实就是，经由生理感知之外的某种来源，人类能够接收到明确的信息。一般说来，这种信息往往在大脑受到超常刺激影响的情况下更容易被接收到。一切紧急情况都会激发人的情绪，导致心跳加快，往往也会同时激活第六感。任何有过开车时"差一点出事故"经验的人都明白这是一种怎样的情况，第六感常常在这时候发挥作用，救人一命，帮助驾车者在千钧一发之际避免了事故发生。

讲述这些真实的故事，是为了引出接下来将阐述的真相：我发现，在与"看不见的咨询顾问们"开会时，我的大脑更容易经由第六感接收到涌向我的点子、思想和知识。我可以诚实地说，我的一切由"灵感"得来的想法、真相或知识，都要完全归功于我这些"看不见的咨询顾问"。

我曾多次面对危机，其中有的甚至危及生命，全靠"看不见的顾问们"在冥冥中施以指引，我都奇迹般地平安度过了。

在想象中召开这样的会议，我的初衷本来只是希望借助自我暗示来影响自己的潜意识，培养我想要拥有的个性品质。可近些年来，这项实验完全改变了方向。如今，我将自己或客户遇到的每一道难题都提交给生活在我的想象中的顾问们。虽说我并不会完全依赖这种咨询形式，可结果往往非常惊人。

你一定已经察觉到了，我们在这一章探讨的主题是绝大多数人都不熟悉的。对于立志要积累巨大财富的人来说，第六感这个课题会令他们受益良多；但对于欲望相对平和得多的人，第六感并不要求他们的关注。

亨利·福特无疑很了解并善于运用第六感。他庞大的商业和金融业务要求他必须明白并善用这一要素。已故的爱迪生了解并懂得将第六感运用在他的发明创造中，特别是在涉及基础专利的部分，在这些领域，没有前人的经验和确切的知识来为他引路，就像发明留声机和电影放映机时那样。

第六感不是那种可以任人随意拿起放下的东西。运用这种伟大力量的能力来得很慢，需要通过对本书中提到的其他一切要素勤加练习使用才行。很少有人能在四十岁以前就懂得如何运用第六感。更多人要到五十多岁才能获得这些知识，因为第六感与精神力量关系紧密，而后者若非经过若干年的冥想静思、自我审视和严肃认真的思考，是无法发展成熟的。

无论你是谁，无论你拿起这本书是为了什么，哪怕无法理解这一章讲述的原理，你也能从本书中受益。如果你的主要目标是积累金钱或其他物质财富，效果更会格外显著。

之所以将探讨第六感的这一章节放进来，是因为本书旨在完整呈现全套哲学，以便读者在追求个人人生目标的旅途中能够正确引导自我。一切成就的起点都是欲望。终点是一种"知识"，这种知识导向理解——理解自我，理解他人，理解自然的法则，懂得分辨并理解幸福。

这种理解要达到最终的完善，唯有通过熟练掌握第六感要素的运用方法，因此，这项要素才会成为我们这套哲学的组成部分，令希望赚取更多金钱的人获益。

读完这一章，你必定已经发现，就在阅读过程中，你已经被带上了更高的精神活动层面。好极了！从现在开始，每个月回来重新读一遍，体会头脑越飞越高的感觉。一次一次重复这样的体验，别去管你在这个过程中学到了多么多还是多么少，最终，你会发现自己拥有了力量，这种力量足够让你抛开沮丧，战胜恐惧，克服拖沓，任想象力自由翱翔。到那时，你会感觉仿佛触碰到了某种不知名的"东西"，那时流动的精神，曾与每一位真正伟大的思想家、领导者、艺术家、音乐家、作家、政治家相伴。到那时，你就能自由地将欲望转化为相应的物质或金钱对应物，那不会比当初一见困难就退缩放弃更加艰难。

信念 V.S. 恐惧！

在前面的章节中，我们讲述了如何借助自我暗示、欲望和潜意识树立信念。下一章，我们将详细讨论如何征服恐惧。

你将在这里找到对于六大恐惧的详细描述与分析。它们正是大多数人性弱点的根源，包括气馁、羞怯、拖延、冷漠、优柔寡断，以及在志向抱负、自立精神、主动性、自制力或热情等方面的不足。

研究这六大敌人时，记得对比反思自己，它们或许就藏在你的潜意识里。在那里，它们很难被你察觉。

分析这"六大恐惧的幽灵"时，也要牢记，它们只是幽灵，只存在于你的意识中，除此以外它们什么都不是。

还要记住，这些幽灵是想象力失控的产物，人类对自身大脑意识造成的伤害绝大部分都是它们引起的，因此，这些幽灵与行走在地面上的、活生生的真实存在同样危险。

恐惧贫穷的幽灵在1929年将成百上千万人的头脑攥在了手心里，它是如此真实，直接引发了这个国家有史以来最糟糕的经济大萧条。时至今日，这个幽灵依然恐吓着我们中间的一部分人，让他们害怕得魂不附体。

15 | 如何战胜六大恐惧
HOW TO OUTWIT THE SIX GHOSTS OF FEAR

最终章
边阅读边自我检查
看看有多少个"幽灵"拦阻在你前进的道路上

在成功实践这套哲学中的任何一个部分之前，你的大脑必须先准备好接受它。准备工作并不难。首先要做的是研究、分析、了解你必须清除的三大敌人。它们分别是优柔寡断、疑虑、恐惧！

只要有三大反派或其中任何一个存在，第六感就无法发挥作用。这个邪恶三角的三位成员密不可分，一个在场，另两个就不会远了。

优柔寡断是恐惧的秧苗！看书时请记住这一点。优柔寡断会凝结成疑虑，两者混合，融为恐惧！这种"混合"的过程往往非常缓慢。这也是这三大敌人为何如此危险的原因之一。它们总在不知不觉中发芽、长大。

这一章接下来的任务，就是阐述这一逻辑的最后部分，有了它，这套逻辑才真正完整，才能为读者完整掌握，应用于实践之中。此外，我们也会分析近来导致数量如此巨大的人群坠入贫穷境地的环境，阐述一个远比金钱本身更重要的真相，一种比金钱价值更大的思想状态。本章旨在聚焦到六大基本恐惧的成因和应对方法。要战胜敌人，我们必须首先知道他的名字、习性和所在地。在阅读本章的过程中，认真对自己分析一次，确定这六大普遍存在的恐惧中是否有任何一个已经侵入了你的领地。

不要被这些狡猾敌人的习性所欺骗。有时候，它们深藏在潜意识中不露面，你很难从中把它们找出来，更难把它们赶走。

六大基本恐惧

有六种基本的恐惧，是人人都或多或少遭遇过的，尽管组合可能不同。大多数人很幸运，不会经受全部六种恐惧的困扰。按照常见程度从高到低排列，它们分别是：

贫穷恐惧

批评恐惧

疾病恐惧

（以上三种都是人心底里最本源的恐惧）

失爱恐惧

衰老恐惧

死亡恐惧

其他恐惧相对没那么严重，都可以归入以上六大类别之下。六大恐惧流毒之广，就像是对我们这个世界的诅咒，一环紧扣着一环。大萧条前后差不多足足六年时间里，我们深陷贫穷恐惧中张皇失措。世界大战中，我们为死亡恐惧所苦。战争刚刚结束，面对全球肆虐的传染病，我们又陷入了疾病恐惧的怪圈。

恐惧只是一种心理状态，再无其他。一个人的心理状态是可以控制和引导的。人人都知道，医生不像普通人那样容易遭受疾病侵袭，因为医生不害怕疾病。我们知道，医生们可能每天亲身接触上百例诸如天花之类的接触性传染病患者，却不受感染，他们不害怕，也不犹豫。他们这种对疾病的免疫力就算不完全来源于相关恐惧的缺席，至少也在很大程度上得益于此。

没有思维的冲动孕育在先，人类什么也造不出来。由此，我们可以得出一个更加重要的结论，即：人的思维冲动可以立刻转化成它们所对应的实物，无论这些想法是自发的还是无意识的。人们自以太中随机拾取的思维冲动（他人大脑释放出的想法），与自身有意识设计、构建的思维冲动一样，都能够决定一个人的经济、事业、专业或社会命运等状况。

我们现在所做的是奠定一个基础，在此基础上，向还不曾理解的人解释一个他们疑惑的重要事实：为什么有的人似乎天生"幸运"，而另一些同样甚至更加有能力、有经验、有头脑并且训练有素的人却仿佛注定与"不幸"相伴同行。这种情况的原因在于每个人掌控自己大脑的能力，很显然，如果能够完全掌控，他就能随时决定是敞开大脑接受来自他人的思想脉冲，还是关上大门，只让经他拣选的想法进入。

大自然赋予了人类唯一的一种绝对掌控力，那就是对思想的掌控力。有了这个前提，再加上一切人类造物都起自思想的事实，战胜恐惧的法则就近在我们手边了。

如果说，"一切思想都有着以对应实物完成自我展示的倾向"这句话是真的（事实上它就是真的，完全不必怀疑），那么，以恐惧和贫穷为内容的思想冲动无法变成勇气和财富，也就同样是真实的。

1929年华尔街大崩盘之后，美国人开始考虑贫穷的问题。虽然缓慢地，但这种思想的的确确在聚集、凝结，渐渐化为它对应的物质实体，那就是我们所知道的"大萧条"。这是必然的，它的出现符合自然法则。

对贫穷的恐惧

贫穷与财富之间不存在调和的可能！这是两条背道而驰的道路，分别通往贫困和富裕。如果你想要财富，就必须拒绝任何导向贫穷的条件。需要说明的是，我们在这里使用"财富"二字，取的是它的广泛含义，包括财务、精神、心灵和实体产业。财富之路的起点是欲望。在第二章里，你已经看过有关如何善用欲望的完整介绍。而在这一章，你会得到关于恐惧的完整介绍，它能帮助你武装好头脑，展开运用欲望的实践。

现在，是时候为自己设置一个挑战了，它将帮你确定，你对这套哲学究竟吸收了多少。此时此刻，你完全可以化身先知，对自己的未来做出准确的预言。如果在读完这一章后，你仍然愿意接受贫穷，那就下定决心接受它。这是你必须做出的决定。

如果你想要财富，那就确定财富的类型，确定多少数量才能够让你满意。通往财富的道路就在你眼前。财富的地图已经交到你手上，跟着它，你就不会迷路。如果你不肯迈出第一步，如果你在抵达目标之前就停步，那么，谁也怪不了，只能怪你自己。这份责任是你的。如果你现在拒绝，或是没能成功召唤生命的财富，没有任何借口能够帮你开脱责任，因为它只有一个要求——顺便说，那也是你唯一能够掌控的东西——那就是心理状态。心理状态是由个人决定的。它无法购买，只能创造。

对贫穷的恐惧是一种心理状态，仅此而已！可它足以摧毁一个人在任何领域取得成就的可能，这一真相在大萧条期间体现得格外明显而令人痛苦。

这种恐惧会令理智瘫痪，令想象力死亡，会摧毁自立，耗损热情，遏制主动性，动摇目标，鼓励拖延，抹去热忱，消灭自我控制的可能性。它夺取个人的魅力，灭杀敏锐思考的可能，分散专注奋斗的精力，打败坚持不懈的毅力，将意志力化为虚无，消弭志向抱负，模糊记忆，召唤各种各样可能的失败；它扼杀爱情，暗杀美好的情感与情绪，令友谊失色，引千百灾难到来，让人失眠、忧伤、愁苦……所有类似的一切——尽管我们生活在如此丰富的世界，有无数值得我们的心灵去渴望的东西，尽管在我们与我们的欲望之间并不存在任何障碍，唯一可能存在的问题只有一个——缺乏明确的目标。

对贫穷的恐惧无疑是六大基本恐惧中最具破坏力的一种。我们把它放在名单的第一个，原因就在于它是最难战胜的。了解这种恐惧的起源真相需要很大的勇气，接受这样的真相则需要更大的勇气。贫穷恐惧源自人类骨血中世代传承的东西，那就是：人类天生有着在经济上掠夺同类的倾向。所有比人类低等的动物都是受本能驱使的，"思考"的能力很有限，因此，它们更倾向于从肉体上掠夺其他动物。而人类，凭借着优越的直觉，凭借着思考和推理的能力，并不吞食同类的身体，而是更满足于从财务金融上将同类"吃掉"。人类是如此贪婪，法律都要极力穷尽一切可能，只为保护人们不受同类伤害。

与这个世界过往的所有时代相比，我们所处的这个时代似乎因为人们对金钱的疯狂而显得格外不同。除非银行里存着丰厚的存款，否则一个人也并不比一粒尘埃重要多少，可一旦他有了钱——不管那钱是怎么来的——他就成了"帝王"，成了"大人物"，他就能凌驾于法律之上，他操纵政治，称霸商业市场，整个世界都在他经过时鞠躬致敬。

再没有什么能比贫穷更让人痛苦和卑微的了！只有真正经历过贫穷的人才能真正明白它意味着什么。

也就无怪乎人们要恐惧贫穷了。无数历史经验告诉人类，在涉及金钱和财务的问题上，毫无疑问，总有一些人是不可信赖的。这实在是一项尖锐的指控，最糟糕的是，它是真的。

大多数婚姻都是财富驱动的，或者一方拥有财富，或者双方都有。既然如此，也就不奇怪为什么离婚办公室的业务如此繁忙了。

人类如此迫切地期望拥有财富，为此不惜一切手段——能合法就合法操作，有必要或需要权宜时就采用其他办法。

自我剖析可能暴露出一个人自己不愿承认的弱点。对于任何不甘于平庸与贫困，想要向生活索取更多的人来说，这种自我审查都是必不可少的。记住，当你一点点自我剖析时，你既是法官又是评审团，既是公诉人也是辩护律师，既是原告也是被告，而且你身处审讯之中。坦诚面对事实，向你自己提出明确的问题，要求直白的回答。待到审查结束，你会更加了解自己。如果你觉得无法在这样一场自我审查中保持公正的判断，就找一个足够了解你的人来充当你自我审查的法官。你追寻的是真相。找出它，不管要付出怎样的代价，哪怕它在那一刻会让你难堪！

大多数人在被问到最害怕什么的时候都会回答："我什么都不怕。"这个回答是不对的，因为绝少有人能够意识到，自己的身心正遭到来自某种恐惧的双重限制、损伤和抽打。恐惧的情绪如此狡猾，埋藏如此之深，人们甚至可能一生都背负着它却毫无察觉。只有勇敢地自我剖析才能将这个普遍存在的敌人揪出来。当你开始这样的剖析时，别忘了深入自己的个性品质中搜寻。接下来，我们给出了你应当了解的病症列表。

"贫穷恐惧"的病症

冷淡漠然。通常表现为缺乏抱负，甘于受贫穷所困，对于生活给予的一切都逆来顺受，精神与身体都懈怠懒惰，缺乏主动性、想象力、热情和自制力。

优柔寡断。习惯将思考的权利交给他人。总是人云亦云，"顺风倒"。

多疑。普遍表现在为个人失败寻找借口、推卸责任、文过饰非。有时表现为对成功者的妒忌和吹毛求疵。

多虑。往往表现为挑剔他人过错，习惯性的入不敷出，忽视个人外表，愁眉苦脸，酗酒甚至吸毒，神经质，缺乏镇静、自觉的素质和自力更生的意识。

谨小慎微。面对任何事情，都习惯于看到消极面，一味考虑和谈论失败的可能，而不是集中精力争取成功。看得到一切通往不幸的道路，却从不寻求避免失败的方法。坐等"合适的时机"来实践想法和计划，直到"等待"本身成为根深蒂固的习惯。记得住失败者，记不住成功者。只看得到甜甜圈中间的洞，却看不到甜甜圈本身。悲观，甚至发展至消化不良、排便不畅、自体中毒、口臭和性情乖张。

拖沓磨蹭。习惯将原本早该完成的事情推到"明天"再说。宁愿花更多的时间找借口，也不完成工作。这种习惯与谨小慎微和多虑关系密切。只要有一丝逃脱的可能，就拒不承担责任。甘愿妥协退让，也不肯奋起抗争。宁愿跌跌撞撞地退后，也不肯面对难题，将它们化为前进道路上的踏脚石。锱铢必较，却无视生命的成功、丰裕、财富、满足和幸福。不厌其烦地琢磨会否失败、何时可能失败，却不肯破釜沉舟、背水一战。缺乏足够的自信（甚至常常完全没有自信）、明确的目标、自制力、主动性、热情、志向抱负、节俭的性情和良好的推理能力。预期贫穷而非要求财富。与安于贫困者结交，不求与追求及享有财富者为伴。

金钱会说话！

有人会问："你为什么要写一本关于金钱的书？为什么单单只用美元来衡量财富？"有人相信，世上有许多种财富比金钱更加珍贵。他们是对的。是的，有许多财富不能够以金钱来衡量，可还有千百万人会说："给我足够的钱，其他东西我会自己去寻找。"

我之所以要专门写一本如何赚钱的书，主要是基于一个事实：这个世界刚刚让成百上千万人品尝过被贫穷恐惧束缚的滋味。这是一种怎样的恐惧？韦斯特布鲁克·佩格勒[1]在《纽约世界电讯报》里将它描绘得淋漓尽致：

> 金钱不过是贝壳、金属硬片或一堆废纸，无数关乎心灵和灵魂的珍宝是金钱买不到的，可大多数遭遇破产的人却无法在心中保有这些珍宝，支撑他们的灵魂。当一个人穷困潦倒，流落街头，什么工作也找不到，他的灵魂便也遭遇了某种变化，这一点，从他下垂的肩膀、塌下的帽子，从他走路的样子和他的眼神中就能看出来。面对拥有稳定工作的人，他无法逃开自卑的感觉，哪怕他知道这些人无论品性、智力还是能力都绝对比不上自己。

---

[1] 韦斯特布鲁克·佩格勒（Westbrook Pegler，1894—1969），美国记者、专栏作家，在十九世纪三四十年代时以抨击罗斯福新政和工会的时评专栏著称，总统、最高法院、税务系统等一直是其批评的对象。1941年，凭借揭露好莱坞工会腐败以及有组织犯罪的文章，佩格勒成为第一个获得普利策奖的专栏作家。

另一方面，那些人——甚至包括他们的朋友——在他面前都难免有一种优越感，有意无意间，将他看成了一个牺牲品。他可以借钱，但无法靠借来的钱维持以往正常的生活，况且他也不能一直借下去。而为了生活借钱，这一行为本身就是一种令人沮丧的体验，这样得来的钱缺乏双手赚来的钱那种鼓舞精神的力量。当然，以上分析并不适用于流浪汉和习惯于游手好闲的人，仅针对拥有正常抱负和自尊心的普通人。

女人善于掩饰绝望

同样处于困境中的女人是不同的。不知道为什么，我们不会把"穷困潦倒"这样的词跟女人联系在一起。她们很少出现在领救济的队伍里，几乎不会被看到在大街上乞讨。站在人群中，她们不像男人那样一眼就能被分辨出来。当然，我说的不包括拖着脚步走在城市街头巷尾的老乞妇，她们和真正的流浪汉旗鼓相当。我指的是相对年轻、体面、有头脑的女人。一定有许多这样的女人，只是她们的绝望深藏不露。也许其中有人会自杀。

当男人穷困潦倒，他就有了担忧焦虑的时间。他可能为一份工作走好几英里去面试，却发现那份工作已经有人了，或者发现那是一份没有底薪只有提成的销售工作，卖的都是些没用的小玩意儿，除非出于怜悯，否则压根不会有人肯掏钱购买。掉头出来，他发现自己回到了大街上，处处可去，却无处可去。于是他走啊，走啊。他望着商店橱窗里奢华的东西，那不是为他而展示的，他觉得自卑，闪到一边，为有心有力购买而驻足打量的人让路。他漫无目的地晃进火车站，走进图书馆坐下来歇歇脚，暖暖身子，可那不能让他找到工作，于是他起身继续走。他或许不知道，可这样的漫无目的已经将他出卖了，哪怕他的衣着样貌都不露端倪。他或许还穿着当初拥有安稳工作时买下的好衣服，可这些衣服掩饰不住他的失意。

金钱造就不同

他看着成千上万的人忙碌于自己的工作，会计员、办事员、药剂师、车夫，他打从心底里妒忌他们。他们拥有属于他们的独立、自尊和男子气概。可他无法说服自己：他是个不错的家伙。哪怕他花了一个又一个小时分说辩论，得出了好的结论，也依旧无济于事。

恰恰是金钱，让他变得不一样。只要有一点点钱，他就能重新做回自己。

有的雇主在穷困潦倒的人身上攫取不可思议的利益。职业中介所挂出彩色小纸片，为破产者开出十分可悲的薪水——周薪十二美元，周薪十五美元。一周能赚到十八美元的就是好工作了，不管是什么人，只要能开到周薪二十五美元的价钱，就根本等不到招工信息挂到职介所门口的彩色纸片上。我从本地一份报纸上剪下了一份招工广告，招办事员，要求是个干净利落的好文员，负责为一家三明治店铺接听并记录电话订单，每天从上午十一点工作到下午两点，月薪八美元——不是周薪八美元，而是月薪八美元。那广告还说"需告知宗教信仰"。你能想象这样厚颜无耻的剥削吗？要求一个干净利落的文员，每小时只付十一美分，竟还要求知道受害者的宗教信仰！可这就是破产者面临的困境。

对批评的恐惧

要探究这种恐惧最初是如何产生的，恐怕没有人能说得清楚，可有一点是肯定的：对批评的恐惧已经发展得非常严重。有人相信，这种恐惧的出现是从政治家变成一种"职业"开始的。也有人认定，它可以追溯到女性头一次开始关心她们穿衣打扮的"时尚"的时候。

我不是幽默作家，也不是先知，但个人倾向于将这种对批评的基本恐惧归于人类世代相传的天性，这种天性怂恿人们，不只要夺走同类的财产钱物，还要通过批评对方的人品性格来为自己的行为辩护。众所周知，小偷总会指责被他偷走东西的人；政客谋求职位，也不是靠展示他们自己的长处和资质，而是更乐于试图抹黑他们的竞争对手。

对批评的恐惧会以各种形式流露出来，其中大多数都琐细零碎、微不足道。比如，秃头者之所以脱发，不为别的，只因为他们害怕批评。他们的帽子戴得太紧，切断了头发从发根吸收营养的循环通道，于是头发开始脱落。男人戴帽子，不是因为需要，更多是因为"人人都戴"。于是人人都随大流，免得被其他人批评。女人很少秃头，甚至很少有头发稀薄的，因为她们戴的帽子都松紧适度，她们的帽子只是装饰。

然而，千万别以为女人就可以免于对批评的恐惧了。如果有任何女人宣称自己在有关这种恐惧方面比男人优越，不妨建议她戴上一顶十九世纪九十年代的帽子上街走走看。

狡猾的服装制造商在利用这种对批评的基本恐惧方面从不迟疑，全人类都逃不开这样的诅咒。每一季都有许多服装款式上的变化。是谁在创造时尚？当然不是买衣服的人，而是厂商。时尚为什么要如此多变？答案很明显。时尚不断变化，他们才能卖掉更多衣服。

同样的道理，汽车制造商们（除了极少数且非常合理的例外）每一季也都在推出新款。没有人不想开最新款的汽车，尽管老款明明品质更好。

关于人们在批评恐惧的影响下的行为表现，我们一直在谈论生活中的种种琐事。现在，让我们来看看，如果这种恐惧与人类社会中更重要的事情产生关联，将会发生什么。举个例子吧，随便找一个到了"心智成熟"年龄（通常说来，这个阶段开始于三十五岁至四十岁之间）的人，如果你能够读取他脑中最隐秘的思想，你必定能发现，他完全不相信几十年前独断空谈的宗教家讲述的绝大多数宗教神话故事。

然而，你很少能见到有人有勇气公开承认他在这一问题上的观点。如果被逼得紧了，大多数人宁愿撒谎也不肯承认他们不相信这些套着宗教外壳的故事，毕竟，在科学发展与教育普及的时代之前，宗教曾经将人们牢牢束缚。

那么，为什么到了如今这个时代，大多数普通人还是羞于否认他们相信这些几十年前曾经是大多数宗教之根基的故事？答案是："因为害怕批评。"曾经，胆敢公开质疑鬼神之说的男女被绑在火刑柱上烧死。也就无怪乎我们骨子里还留存着这样的意识，让我们害怕遭到批评。就在并不久远的过去，批评还与严厉的惩罚绑定——至今还有一些国家依然如此。

对批评的恐惧掠夺人们的主动性，摧毁想象力，限制个性，拿走他的自主独立，以一百种不同的方式伤害他。父母常常用批评给孩子留下无可挽回的伤害。我一个童年好友的母亲当初几乎每天都用树枝抽打惩罚他，一边打，一边还说："要不了二十岁你就得进大牢。"后来，他在十七岁时被送进了青少年管教所。

批评是一种服务，人人都"享受"了太多。不管想不想要，人人都存着一大堆批评——免费奉送。最亲密的亲人往往是最糟糕的施暴者。任何父母，如果利用非必要的批评在儿女心中种下自卑情结，这种行为都应当被视为犯罪，事实上，它本来也是最恶劣的罪行。通晓人性的雇主能够激发出员工最优秀的一面，靠的不是批评，而是建设性的建议。父母也可以在他们的儿女身上达成同样的效果。批评只会在人心中种下恐惧或怨恨，绝培育不出爱与感情。

"批评恐惧"的病症

这种恐惧几乎与贫穷恐惧一样普遍，对个人成就的危害也一样巨大，最主要是因为它会摧毁人们的主动性，消解人们运用想象力的勇气。批评恐惧的主要病症包括：

过度的自觉意识。通常表现为紧张，怯于认识陌生人并与之交流，手足无措，眼神飘移不定。

缺乏镇定。表现为在他人面前声调失控、紧张不安、肢体僵硬、记忆失灵。

个性欠缺。缺乏决断力、个人魅力和自信表达观点的能力，遇事习惯逃避而非直面，不假思索地随声附和他人观点。

自卑情结。习惯通过言语或举动表现自我赞赏，以此掩盖自卑感。喜欢说"大话"来博取他人关注（却常常压根儿没意识到这些话意味着什么）。模仿他人的穿着打扮、言行举止。夸耀自我想象的成就——这有时会给人带来一种表面的优越感。

奢侈铺张。习惯攀比，过度消费以至入不敷出。

缺乏主动性。错失个人发展的机会，害怕表达观点，对个人想法缺乏自信，对上级提出的问题含糊其词，言谈举止犹豫不决，言行虚伪不实。

缺乏抱负。精神和行动上都懒散怠惰，缺乏个人主张，迟迟无法做出决断，容易受到他人影响，惯于当面阿谀背面批评，惯于轻易接受失败，一旦遭到他人反对便半途而废，毫无来由地怀疑他人，言语行为缺乏灵活机智，不愿接受正确的批评。

对疾病的恐惧

这种恐惧可以从生理遗传和社会遗传两个层面加以追溯。就其起源而言，它与衰老恐惧和死亡恐惧关系密切，因为疾病会将人带到那个未知的"可怕世界"边缘，关于那个世界，我们都多多少少听过一些令人不那么舒服的故事。此外，还有一种较为普遍的观点认为，相当一部分不道德的"健康业推销"从业者在为疾病恐惧创造生存空间方面"功不可没"。

大体上，人们之所以对不健康的身体状态心怀恐惧，是因为脑海中存在着一些印记深刻的可怕画面，它们描画着死亡降临后将会发生什么。此外，人们也会担忧疾病带来的经济压力。

一位德高望重的医生曾经估算过，他认为前往医院诊所求取专业服务的人之中，约有75%都是受困于疑病症（即假想的病症）。而最具说服力的是，对疾病的恐惧常常导致身体出现相应症状，哪怕这份恐惧毫无来由。

最强大、最有力的正是人类的大脑！成也由它，败也由它。

专利药品分销商们把玩人性的弱点，利用这种普遍存在的对健康的恐惧，赚取了大量财富。近二十年来，这种利用人性轻信的弱点强加额外负担的做法愈演愈烈，《科利尔周刊》[1]因此针对专利药品行业中最恶劣的行径发起了一场激烈的声讨。

世界大战期间曾一度爆发流感，纽约市市长采取了严厉的手段来遏制恐慌对人们造成的伤害，这种恐慌原本就是人们心中固有的对健康的担忧。他召集报业人士，告诉他们："先生们，我认为有必要提请你们注意，不要再刊发耸人听闻的所谓'流感大

1　《科利尔周刊》（*Colliers' Weekly Magazine*），美国图文周刊，1888年创刊，1957年停刊，以刊载"深度调查新闻报道"为特点，曾遭遇多家企业起诉。

爆发'的故事了。如果你们不能与我合作，我们将面临无法控制的艰难局面。"新闻媒体不再登载有关"流感"的故事，一个月不到，疫情被成功遏制了。

多年前就有实验证明，人类是有可能因为接收到暗示而生病的。我们确定一位"受试者"，邀请他的三位熟人前去拜访，每个人都向他提出同一个问题："你怎么了？看起来像是病得很厉害。"第一个提问者通常得到一个微笑，外加一句淡淡的"不，没事，我很好"。第二个提问者多半听到这样的回答："说真的，我也不知道，不过的确感觉不太好。"到了第三个提问者，受试者很可能就会直截了当地承认，他真的觉得自己生病了。

如果你有所怀疑，不妨自己找个熟人实验一下，看能不能让他感觉不舒服，但千万别做得太过头。有一类宗教，它们的信徒会用"巫术"来报复敌人。他们称之为向对方"施咒"。

有无数证据证明，有时候，疾病是由负面的思想波动引起的。这种负面想法可能经由暗示从一个人传播给另一个人，也可能在人们自己的大脑中凭空诞生。

一名拥有得天独厚的智慧，能够不受这种暗示影响的男子曾经说过："每次有人问我感觉怎么样，我都很想揍他一顿作为回答。"

医生让病人换个环境养病，正是因为"精神状态"的转变是非常重要的。疾病恐惧的种子就埋在每个人的脑海里。爱情和事业上的担忧、害怕、沮丧、失望都可能让这颗种子发芽长大。近来的经济萧条让医生们忙个不停，因为任何负面思绪都可能引发健康问题。

在引发疾病恐惧的原因列表上，事业和爱情的失意排在最前列。有一名年轻人，曾经因为失恋进了医院。足足好几个月，一直在生死间徘徊。于是，人们请来一名暗示疗法的专家。专家更换了护士，安排了一位非常迷人的年轻女士负责照料他，这位新护士（在医生的安排下）从到任的第一天就开始向他示爱。不到三个星期，病人出院了，虽然依旧痛苦，但痛苦的原因完全不同。他又恋爱了。是的，治疗方案是设计了一个骗局，可病人与护士后来真的结婚了。直到本书写作期间，两个人都非常健康。

"疾病恐惧"的病症

这种堪称普遍存在的恐惧具有以下症状：

消极自我暗示。习惯性地错误运用"自我暗示"，用它来寻找，或者说期望找到各种疾病症状。"享受"假想出来的疾病，并说得煞有介事。乐于尝试他人推荐的一切冠以"风尚""主义"之名的东西，认为它们具有医药价值。津津乐道于手术、事故和其他一切疾病形式。在缺乏专业指导的前提下胡乱节食、健身、减肥。尝试家传秘方、特效药和"江湖骗子"的药方。

疑病症。习惯性谈论生病的话题，注意力都放在疾病上，期待病症出现，直至精神崩溃。没有任何现成医药手段能够解决这种情况。它来自个人的负面思维，唯有正面积极的思维能够发挥功效，将其治愈。"疑病症"是一个医学名词，顾名思义，即想象导致的疾病，据说有时能造成巨大的伤害，破坏力不亚于真的患上患者想象的疾病。大部分所谓的"神经性"病例都源于想象的疾病。

运动缺乏。对疾病的恐惧常常干扰到人的日常生活锻炼，使其逃避户外活动，进而导致超重等问题。

易感、过敏。对疾病的恐惧会降低人体自然的抵抗力，为主体可能接触到的任何疾病创造合适的滋生条件。疾病恐惧常常与贫穷恐惧相关，特别是在有疑病症的情况下，这样的人总是担忧会被迫支付医疗开支，收到医生、医院的账单等等。他们花了太多时间为生病做准备，谈论死亡，存钱买墓地，规划丧葬开销，诸如此类。

自我娇惯。习惯性地抛出假设生病的话饵，以博取别人的同情（人们常常利用这个小花招来逃避工作）。习惯假借生病来掩饰纯粹的懒惰，或以此作为缺乏志向抱负的借口。

成瘾。习惯依赖酒精或药物来应对头疼、神经痛等问题，不考虑排查根本原因并加以解决。习惯过多阅读有关疾病的介绍和相关内容，担忧自己会染病。常常看特效药广告。

对失去爱人的恐惧

关于这种与生俱来的恐惧，我们需要对其来源稍加讨论，因为很显然，它与多偶制有关，人们有抢夺同类配偶的习惯，同时，男人可以随时对抢夺来的女性为所欲为。

嫉妒和其他类似的早发性失智，都是源于男人所固有的恐惧，他们害怕失去某个人的爱。这种恐惧是六大基本恐惧中最痛苦的。它对人的身心两方面造成的损害很可能比其他任何一种恐惧都大，比如它可能导致永久性的精神错乱。

对失去爱人的恐惧也许可以追溯到石器时代，那时候人们以蛮力掠夺女性。男人从未停止针对女性实施的偷窃，方法从来不变。只是如今不靠蛮力，靠诱哄，许诺漂亮衣服、新车和其他"诱惑"，这比单凭蛮力有效得多。自文明时代开启之前到如今，男人的习性从未改变，只是表现方式不同了。

有分析显示，女人对这种恐惧的敏感度比男人更高。这非常容易解释。切身经验已经教会了女人，男人的天性就是倾向多偶制的。他们得不到对手的信任。

"失爱恐惧"的病症

这种恐惧的显著症状包括：

嫉妒。习惯性怀疑朋友和爱人，通常都完全没有合理的证据和充分的理由（嫉妒是一种早发性失智病症，有时会由于微不足道的诱因而剧烈爆发）。无端指责妻子或丈夫不忠。怀疑每一个人，无法对任何人交付信任。

挑刺。习惯于毫无来由或只因为极微不足道的不满而对朋友、亲人、工作伙伴和爱侣吹毛求疵。

好赌。习惯赌博、偷窃、撒谎欺骗，冒各种险，碰各种运气，以求为所爱的人提供金钱。相信爱可以购买。大手大脚甚至不惜负债来为爱人购买礼物，只为博取好印象。失眠，神经质，缺乏韧性，意志力薄弱，缺乏自制力和自主自立的能力，坏脾气。

对衰老的恐惧

大体说来，这种恐惧有两个源头。第一，认为衰老必伴以贫穷的想法。第二，也是到目前为止我们所知最普遍的源头，就是过去残酷却虚假错误的教育，它们狡猾地利用"硫黄与火焰"[1]以及其他可怕的东西，把人们死死困在了恐惧之中。

受困于衰老恐惧的人有两大滋生恐惧的充分理由：一个是他对周遭人等的不信任，认为别人随时可能夺走他拥有的一切；另一个来自身后世界的可怕画面，这些画面世代相传，早在他还无法完全掌控自己的意识之前，就已植根于他的脑海之中。

随着年龄的增长，人们生病的概率相应越来越大，这也是衰老恐惧蔓延的一个推动因素。性欲问题也是助长衰老恐惧的原因之一，毕竟，没有人愿意意识到自己的性魅力日益衰退。

衰老恐惧的最大原因与贫穷的可能性有关。"救济院"不是个令人舒服的词。想到自己有可能将会在救济院中了却残生，对任何人来说都是一瓢兜头泼下的冷水。

还有一个因素可能引发衰老恐惧，那就是失去自由与独立，因为年老体衰很可能意味着失去人身和经济的自由。

---

1   西方传说中地狱的代表性场景。

"衰老恐惧"的病症

这种恐惧最常见的症状是：

在四十岁左右就开始放慢脚步，产生自卑情结，错误地以为自己的状态已经由于年龄因素开始"下滑"。事实上，那正是一个人心智成熟的时候，四十岁到六十岁之间是一个人最"有用"的阶段，无论心智还是精神都最为强大。

因为年满四十岁或五十岁，就常常愧叹自己"老了，老了"，而不是扭转观念，为进入这个智慧与理解的年纪而表达出欢喜感激。

习惯扼杀主动性、想象力和自主意识，错误地以为自己已经老得不该再有这些品质了。进入四十岁的男性或女性，习惯于模仿年轻人的行为喜好，希望能借此显得"年轻很多"，殊不知却因此招来朋友和陌生人的嘲笑。

对死亡的恐惧

对有的人来说，在所有恐惧中，这是最可怕的一种。理由很明显。大多数情况下，与死亡相关的恐惧所带来的巨大痛苦都可以直接追溯到宗教狂热上。所谓"异教徒"们通常没有所谓"文明人"那么害怕死亡。千百万年来，人们一直在追问一些至今依然没有答案的问题，包括"从哪儿来"和"到哪儿去"。我从哪里来，我要去往何处？

在曾经更加黑暗的时代里，那些更加狡猾机变的人面对这些问题也没有丝毫迟疑，他们有所图。那么，现在让我们来看看死亡恐惧最主要的根本缘由吧。

"进到我的帐篷里来，拥抱我的信仰，接受我的教义，当死亡来临，我会给你直通天堂的门票。"一位深怀教派意识的宗教领袖高喊道。"不入我帐下者，"还是他在说，"魔鬼将把你抓去，让你永受火焰焚身之苦。"

永远是一段很长的时间。烈火是可怕的东西。永远被火烧的惩罚，光是想一想这个念头，就不只是让人对死亡心生恐惧了，它还常常能令人失去理智。它会摧毁生活的乐趣，令快乐幸福无从谈起。

在研究过程中，我曾读到一本书，书名是《众神名录》。书中列出了三万名神灵，都是受到人类崇拜的。想想看吧！三万神灵，从小龙虾到人，什么样的都有。难怪人们要被死亡的脚步吓得战战兢兢了。

可是那个宗教领袖也未必能提供天堂的通行证。既然如此，他也未必能令不驯者坠入地狱。可是后一种可能性看来实在太可怕，单单只是这么一个念头，就足以让想象变得无比真实，以至于理智麻痹，死亡恐惧就此诞生。

事实上，没人会知道，也从来没人知道，天堂或地狱是什么样子，甚至没有人知道究竟有没有这样的地方存在。这类正面知识的极度缺乏令人类心灵大门洞开，任由江湖骗子出入，玩弄他们无尽的花招和各种各样"虔诚的"谎言和诡计，操纵人心。

在今天这个时代，对死亡的恐惧不像从前那么严重，毕竟从前没那么多高校和大学。如今，科学家们将真理的聚光灯对准了世界，这些真理正迅速将人们从对死亡的可怕恐惧中解脱出来。上过大学的年轻小伙儿和姑娘们没那么容易被"烈火"和"硫黄"吓倒。在生物学、天文学、地理学和其他相关学科的帮助下，中世纪时曾牢牢禁锢人们头脑、摧毁人们理性的恐惧已经被驱散了。

精神病院里挤满神志失常的男男女女，对死亡的恐惧把他们逼疯了。

恐惧是无用的。死亡终会到来，无论人们怎么看待它。接受这种必然性，把无谓的念头从脑海里扔出去。它必然到来，否则又怎么会无人逃脱。也许，它并不像我们描绘的那么糟。

整个世界都是由两种东西组成的，那就是能量和物质。在基础物理课上我们就学过，无论能量还是物质（这是人类仅知的两种真实存在），都是不生不灭的。能量和物质都可以转化，但不会被毁灭。

如果说生命是某种存在，那它一定是能量。既然能量和物质都不会消失，自然生命也是不会灭亡。同其他形式的能量一样，生命可能经过各种转换或变化的过程，但不会消失。死亡也只是一种转化。

如果死亡不只是转变或转化，那么，除了漫长、永恒、宁静的沉睡，死亡并不会带来别的什么，而沉睡没什么值得害怕的。这样想一想，你就能将死亡恐惧永远抹去了。

"死亡恐惧"的病症

这种恐惧的常见症状表现为：

花大量时间思考死亡，而不是竭尽全力生活，因此，患者通常表现出缺乏目标或找不到合适的职业。这种恐惧在年长者中更为常见，但年轻人也未必能够幸免。应对死亡恐惧最有效的药方是"一份对成就的炽烈欲望"，这个欲望应当立足于为他人提供有益的服务。忙碌的人很少有时间考虑死亡。他觉得生活太刺激，以至于根本顾不上为死亡操心。有时，死亡恐惧与贫穷恐惧休戚相关，人们担心自己的死亡会令所爱的人陷入贫困。而有的时候，死亡恐惧则来源于疾病以及随之而来的身体素质的崩溃。总之，死亡恐惧最常见的诱因包括：疾病、贫穷、没找到合适的职业、对爱情的失望、精神疾病和宗教狂热。

衰老忧虑

忧虑是基于恐惧而滋生的一种心理状态。它不动声色，影响却很持久。它生来阴险狡猾，一步一步地"扎下根"来，直至令理性瘫痪，摧毁自信与主动性。忧虑是因"不确定"而引发的一种持续恐惧，因此，它是一种可控的心理状态。

不安定的心理状态毫无益处可言。"不确定"会导致心理不安。大多数人都缺乏能够帮助他们迅速决断，并且随时支持他们在哪怕最普通的工作环境下坚定到底的意志力。在经济动荡的时期（就像世界刚刚经历过的那样），个人的力量是不足的，不仅因为他们骨子里就有着犹豫难以决断的天性，还因为他们很容易受到周遭人犹豫不决的状态影响，这种情况有一个专门的名词，叫作"群体性犹豫"。

大萧条期间，整个世界的空气里都弥漫着两种精神病毒，分别是"恐惧病"和"忧虑症"，它们从1929年华尔街大崩盘后开始传播。对此，我们只找到了一种解药，那就是养成迅速、坚决做出决断的习惯。这是人人都必须自行合成的解药。

一旦做出决定，我们就不再忧虑外在条件，只管沿着认定的道路走下去。我曾经见过一个人，当时他还有两小时就要被处以电刑。死囚室里一共有八个人，这位被判刑的男子是其中最冷静的一个。这份冷静让我忍不住问他：知道自己很快就要辞世是什么样的感觉？他脸上露出一个安心的微笑，说："感觉很好。这么想吧，伙计，我的烦恼很快就要结束了。我这一辈子，除了烦恼，什么都没有。我得费尽力气才能找到吃的和穿的。很快我就再也不需要这些东西了。自从知道我一定会死之后，我就一直感觉很好。那时候我就下定了决心，要高高兴兴地接受我的命运。"

他一边说着这些话，一边还在狼吞虎咽地大嚼一份足够三个人饱餐一顿的晚餐，吃下每一口为他送上的食物，显然非常享受，就好像前方没有任何不幸在等待着他。决断让这个人将一切交给了命运！决断同样能防止人们接受不想要的条件。

优柔寡断会将六大基本恐惧变成忧虑。将你自己从对死亡的恐惧中永远解脱出来吧，方法就是做个决定：接受死亡，将它视为不可避免的事情。抹去对贫穷的恐惧，只要下定决心，接受任何你能赚取的财富，不忧不虑。扼住"批评恐惧"的咽喉，做出决定，不再担心其他人怎么想、怎么做、怎么说。消除"衰老恐惧"，只要下定决心接受衰老，不再视之为缺陷，而是将它当作天赐之福，因为它意味着年轻人所无法拥有的智慧、自制力和理解包容。

从"疾病恐惧"中解脱自己，下定决心，忘掉那些疾病和症状。超越失去爱人的恐惧，做一个决定，只要需要，就与爱好好相处。

消灭忧虑的习惯，无论它以什么形式存在，认定一个放诸四海而皆准的道理：无论生活给予什么，都不值得你付出忧虑的代价。有了这样的决断，你就能拥有内心的镇定、平和，以及头脑的冷静，它们将为你带来幸福。

心中充满恐惧的人不但会毁掉自己明智行动的可能，还会将这些毁灭性的思想波动传递给所有与之交往的人，毁掉他们的机会。

就连狗或马都能察觉到主人的胆怯，狗和马甚至会接受主人传递出来的思想波动，遵照行事。人们发现，在动物王国里，这种拾取恐惧心理波动的能力同样为智力水平较低的动物所拥有。蜜蜂能立刻察觉人类心中的恐惧——不知为什么，蜜蜂总会蜇释放出恐惧波动的人，相比之下，心里笃定、毫不害怕的人受到它们骚扰的概率就低得多了。

恐惧的信息从一个大脑传递到另一个，速度非常快，信号非常清晰，就像人的声音从广播站传送到收音机里一样——要知道，它们借助的是同一种介质。

心灵感应是真实存在的。思想会自动从一个人的大脑传递到另一个人的脑海中，无论这些思想波动的发送者或接收者是否意识到了这个事实。

曾经口出恶言，表达过负面或破坏性思想的人，到头来总会因为这些说出的话遭到某种破坏性的"反噬"。破坏性思想波动本身的传播——就算是不借助语言——也同样会以种种方式"反噬"回来。首先，或许也是最重要、最应牢记的一点在于，散播破坏性思想的人，其自身的创造性想象力必然会因此受损。其次，头脑中一旦存在任何破坏性情绪，就会发展出令他人不快的负面个性，将自己推到别人的对立面去。此外，心怀负面思想或散播它们的人之所以受到伤害，还有第三个原因，这个原因基于一个明显的事实，那就是这些思想波不但会对他人造成损害，本身也会躲藏在发送者的潜意识里，在那里渐渐化为发送者个性的一部分。

人永远无法仅仅通过释放或散播去"丢掉"某个想法。当一个念头被释放出去，它凭借以太为媒介，传向四面八方，可它的根始终牢牢扎在发送者的潜意识中。

想来你的毕生事业多半是要追求成功。要成功，你就必须找到平和的心境，获取生活所需的物质，更重要的是得到幸福。这些成功的标志物最初统统都是以思想冲动的形式出现的。

你可以掌控自己的头脑，你拥有筛选思想冲动来喂养它的权利。既然享有这样的特权，自然也就有了以建设性方式善用它的责任。归根结底，你是自己尘世命运的主人，你拥有掌控自身思维的能力，两者同样毋庸置疑。你可以影响、引导乃至最终掌握自己的生活环境，将生活打造成你想要的样子——又或者，你可以把这份特权弃置一旁，不予理会，只是听天由命，就这么将自己抛入"环境"的汪洋大海，任自己随波逐流，仿佛波涛中的一块小木片。

魔鬼的作坊
第七项：基本罪恶

除了"六大基本恐惧"之外，人类还饱受另一祸害之苦。它是丰沃的土壤，专门孕育失败的种子，令其得以生根发芽、苗壮成长。它无比狡猾，常常叫人察觉不到它的存在。这种病症很难被归入某一种恐惧。它比六大恐惧扎根更深，危害更大。眼下它还没有更好的名字，我们不妨暂且称之为"对负面影响的敏感性"。

积累下巨额财富的人总能保护自己不受其害！受穷者却从来没能做到这一点！任何行业里，成功者也总是武装好自己的心智头脑，抵御这种祸害。如果你是为了赚取财富来阅读我们这套哲学的，那么就应当认真检视自己，确认你是否容易受到负面的影响。如果忽视这项自我检查，就等于放弃了你的权利，注定无法得到你所想要的东西。

开始分析检索吧。仔细查看我们为你准备的自检问卷，严格要求自己，给出明确答案。进行这项任务时，要像搜寻潜伏的敌人一样仔细，面对你的问题时，要像面对真正的敌人一样严肃。

你可以轻松对抗公路劫匪，因为法律为你提供了有组织的后盾来保护你的利益。可这"第七项基本罪恶"要难对付得多，因为它总在你尚未察觉时就发起攻击，无论你是睡着还是醒着。它的武器也是无形的，因为那仅仅只是一种心理状态。同时，这种祸害还相当危险，因为从人类的经历来看，它拥有数不尽的攻击手段。有时候，它通过人们至亲亲人口中并无恶意的话语进入人的大脑。有时候，它并无来由，只是兀自从人们的精神状态中诞生出来。无论如何，它都如同毒药一样致命，只是发作得没有那么快而已。

如何保护自己免受负面影响之害

负面影响可能来自你自己，也可能是你身边消极者的行动所造成的结果。要保护自己免受负面影响之害，首先要确认你具备意志力，然后不断调动它，直到在你的大脑中筑起一道抵御负面影响的坚固高墙。

承认一个事实，你和其他所有人一样，本性里有着懒惰、冷漠的因子，而且容易受到一切顺应个人弱点的示意影响。

还要承认，负面影响常常透过你的潜意识产生作用，这样它们就很难被察觉，对一切以任何方式令你消沉、沮丧的人保持警惕，向他们关闭心门。

清空你的药柜，扔掉所有药瓶，不要再自我诱导感冒、疼痛、难受和一切想象的疾病。

谨慎择友，选择能够影响你，让你独立思考和行动的人。

不要预设困难，因为它们天生就不愿让人失望。

毫无疑问，人类普遍存在的大多数弱点，都源于一种习惯，即习惯于向他人散播的负面影响敞开心门，任其进入自己的大脑。这种弱点是危害最大的，因为大多数人都没能意识到，他们因此而诅咒缠身。也有一些人，尽管有所察觉，却随意将它轻轻放过，或是拒绝纠正这种罪恶，直至它成为日常习惯中不可控的一部分。

为了帮助想要看清自己的人，我们准备了如下问卷。仔细审读问题，大声报出你的答案，让你可以听到自己的声音。这能够帮助你更轻松地面对真实的自己。

自检问卷

你是否常常抱怨"感觉很糟糕"，如果是，通常都是因为什么？

你是否会因为一点点极其轻微的挑衅就对他人吹毛求疵？

你是否经常在工作中犯错，如果是，为什么？

你在人际交往中是否尖酸刻薄，富有攻击性？

你是否刻意避免与其他任何人的联系，如果是，为什么？

你是否经常消化不良？如果是，诱因是什么？

你是否觉得生活无益、未来无望？如果是，为什么？

你是否喜欢你的职业？如果不，为什么？

你是否常常自怜自艾，如果是，为什么？

你是否妒忌比你强的人？

大多数时间里，你考虑的是成功还是失败？

随着年龄的增长，你是越来越自信，还是越来越不自信？

你是否能从每一次错误中学习到有价值的东西？

你是否令亲友为你担心？如果是，为什么？

你是否有时迷迷糊糊、心不在焉，有时又极度消沉？

谁对你的鼓励最大？原因是什么？

你是否受到原本可以避免的负面影响或令人沮丧的想法的困扰？

你是否对自己的外形毫不在意？如果是，什么时候会这样，为什么？

你是否学会了用忙碌来"淹没烦恼"，使自己不受困扰？

如果允许他人代替你思考，你是否会称自己为"没骨头的懦夫"？

你是否忽略了自身的清理，以至于"自体中毒"，变得暴躁易怒？

你受到多少原本可以避免的干扰困扰，为什么你会容忍它们？

你是否借助酒精、药物或烟草来"放松神经"？如果是，为什么不尝试使用意志力来替代它们？

是否有人总是"唠叨"你，如果是，理由是什么？

你是否有一个"明确的主要目标"，如果是，它是什么？为达成目标，你有什么计划？

你是否受到六大恐惧中的某一些困扰？如果是，具体是哪几种？

你是否有某种方法可以保护自己免受他人的负面影响？

你是否善用"自我暗示"来保持心态积极乐观？

你认为什么最珍贵，是你的物质财富，还是你掌控自己思想的权力？

你是否容易受到他人影响，并因此否定自己的判断？

你今天是否为自己的知识储备或心理状态增加了某些有价值的东西？

你是否能坦然直面不愉快的环境、情势，还是会选择规避责任？

你是否会审慎分析所有错误和失败，试图从中受益，又或者，你只觉得一切都不是你的错？

你能否说出三种自己最大的弱点？为纠正它们，你做了什么努力？

你是否鼓励他人向你倾吐烦恼，以博取你的安慰？

在日常生活中，你是否会吸取对个人进步有帮助的教训或影响？

你是否总扮演向他人施加负面影响的角色？

他人的哪些习惯最让你心烦？

你是否能够持有自己的观点，还是会允许其他人对你产生影响？

你是否懂得该如何建立一种心理状态，以此保护自己不受到一切令人气馁的影响干扰？

你的工作是否能为你带来信念和希望？

你是否觉得自己拥有足够强大的精神力量，能够免受各种恐惧的伤害？

你的宗教信仰能否帮助你保持积极的心态？

你是否认为自己有义务分担他人的烦恼？如果是，为什么？

如果你相信"物以类聚，人以群分"，那么，从受你吸引而来的朋友们身上，你能对自己有什么了解？

你在自己往来最密切的人之间找到了什么关联（如果存在关联的话），你是否可能遭遇任何不愉快的经历？

是否存在这种可能，某个你视之为朋友的人事实上是你最坏的敌人，因为他会对你的大脑施加负面影响？

你根据什么原则来判断一个人是对你有帮助还是有损害？

你的亲密伙伴在精神智力上是优于你，还是弱于你？

你的一天二十四个小时是如何分配的：

a.　工作

b.　睡眠

c.　娱乐休闲

d.　学习有用的知识

e.　什么都不做

在你的熟人中，以下选项分别是谁

a.　最能鼓励你

b.　最常告诫你

c.　最令你沮丧泄气

d.　以其他方式给你最大帮助

你最大的担忧是什么？为什么容忍它存在？

如果有人主动而且随意地向你提供建议，你是不假思索地接受，还是会分析他们的动机？

你足以超越一切的最大欲望是什么？你是否打算实现它？你是否愿意令其他一切欲望都从属于它？你每天花在实现它上面的时间是多少？

你是否常常改变主意？如果是，为什么？

你做事是否总是有始有终？

你是否很容易对他人的职业或专业头衔、学位以及财富状况印象深刻？

你是否很容易受到他人对你的看法或说法影响？

你是否会因为他人的社会或经济地位而迎合他们？

你认为在世者中最伟大的人是谁？这个人在哪些方面比你优秀？

你花了多少时间来研究并回答这些问题？（仔细分析并回答整套问卷，应当至少需要一整天的时间）

如果你完全诚实地回答了以上所有问题，你对自己的了解就已经超越了大多数的人。仔细审读这些问题，每个礼拜回顾一次，坚持几个月，你会震惊地发现，只是通过诚实地回答这些问题，自己就额外收获了如此多价值巨大的知识。如果你不能确定某些问题的答案，不妨寻求熟人的意见，他们应当非常了解你，同时没有必要讨好奉承你。透过他们的眼睛来审视你自己，这样的体验会是相当惊人的。

你只对一样东西拥有绝对的掌控权，那就是你的思想。这是人们所能知晓的最重大，也最鼓舞人心的事实！它是人类"神圣"天赋的反映。这种"神圣"的特权是你掌控个人命运的唯一手段。如果不能掌控自己的大脑，你必定什么也掌控不了。

如果你依旧非要对自己的权益视而不见，那就将它与物质联系起来吧。你的头脑就是你的精神财富！以"天赋神圣权利"之名，小心保护它，运用它，你将因此收获意志力。

不幸的是，我们并没有任何一条法律来保护人们免受他人负面示意的精神毒害，他们或许是刻意为之，或许纯属无意。这种破坏行为应当受到法律的重处，因为它能毁掉别人的机会，使其无法获得受到法律保护的物质利益，这种事情常常发生。

心怀负面观点的人试图说服爱迪生，他不可能造出能够记录并播放人声的机器。"因为，"他们这样说，"从来没有人造出过这样的机器。"爱迪生不相信他们。他知道，意识能够孕育出任何人脑想象得到，并且坚信能够做到的东西，正是这种认知，令伟大的爱迪生超越于芸芸众生之上。

心怀负面观点的人告诉弗兰克·温菲尔德·伍尔沃思，他用五分钱、十分钱的定价卖东西，一定会"破产"。他不相信他们。他知道他可以做到任何事，只要合情合理，只要他有经过信念加持的计划。他运用自己的权利，将他人的负面建议拒之门外，最终积累下超过一个亿的财富。

心怀负面观点的人对乔治·华盛顿说，他别指望能战胜兵力强大得多的英国人，可他运用了"相信"这一天赋权利，这样才有了我们这本书在星条旗之下的诞生。至于康沃利斯勋爵的名字，早已被人淡忘。

当亨利·福特在底特律大街上试开他初具雏形的第一辆汽车时，不相信他的汤姆、汤玛斯们大肆嘲笑。有人说这事儿永远不可能实现。也有人说没人会掏钱买这么个机械玩意儿。福特说："我要用性能可靠的汽车将地球环绕一圈。"他做到了！他决定相信自己的判断，这个决定为他赚来了五世子孙都远远花销不尽的财富。对于巨大财富的追求者们，我们要提出忠告，请记住，在亨利·福特与为他工作的逾十万人之间，事实上只存在一个差别，那就是：福特拥有头脑，并且完全掌控了它；其他人也有头脑，却甚至从未尝试去掌控它。

我们一再提到亨利·福特，是因为他是这样一个惊人的典范，他拥有独立的头脑，拥有掌控头脑的意愿，并最终总是能达成所愿。他的经历是对"我从来没能得到机会"这类老掉牙的借口的致命一击。福特也从来没等到机会送上门，可他自己创造出机会，并牢牢抓住不放，直至这个机会让他变得比克里萨斯[1]更加富有。

对大脑的掌控是自律和习惯的结果。要么你掌控你的头脑，要么它掌控你。没有折中的道路可走。掌控头脑的最有效方式，就是让它保持忙碌，有一个明确的目标，依据一套明确的计划。随便选几个成就斐然的人，研究他们的生平经历，你会发现，他必定懂得如何掌控自己的头脑，除此之外，他还很擅长运用这种

1　克里萨斯（Croesus，公元前595—约公元前546），亚细亚古国吕底亚（Lydia）最后一任国王，以富有著称，被认为是当时世界上最富有的人，也因此成为"大富豪"的代名词。

掌控力，并将其引向明确目标的达成。没有这种掌控力，成功就无从谈起。

著名的"五十七岁"托词
年长者的"如果"

不成功的人都有一个共同的明显特点。他们熟知一切有关失败的理由，拥有一堆自己深以为然的托辞，来为自己没能有所成就而开脱。

这些托词里，有的很聪明，有少数的确存在事实依据。可托词无法换来钱财。世界只想知道一件事：你成功了吗？

一位性格分析师整理出了最常见托词的清单。当你阅读这份列表时，不妨仔细一一对照自省，看看有多少托词（如果有的话）是你自己也会使用的。同时，要记住，我们在这本书里呈现的哲学没有给以下任何托词留下容身之地。

如果我没有娶妻，没有成家……

如果有人"拉我一把"……

如果我有钱……

如果我能上个好学校……

如果我能有份工作……

如果我身体够好……

如果我有时间……

如果时机再合适一点……

如果其他人能理解我……

如果我身处的环境有那么一点点不同……

如果我能从头再来一次……

如果我不担心"他们"会说什么……

如果我得到过哪怕一次机会……

如果我现在有机会……

如果不是其他人对我"不怀好意"……

如果没出那个害得我半途而废的状况……

如果我哪怕再年轻一点点……

如果我能做自己想做的事……

如果我家里有钱……

如果我能遇到"对的人"……

如果我像那些人一样那么有天赋……

如果我敢说出自己的想法……

如果我能有哪怕一次抓住机会……

如果他们没害得我那么紧张……

如果我不是被困在家里照顾孩子……

如果我能存下点儿钱……

如果老板能多少赏识我一点儿……

如果能有人帮我一把……

如果我家里人能理解我……

如果我住在一个大城市……

如果我那时候能开始……

如果我能自由一点儿……

如果我的个性能和那些人一样……

如果我那时候不那么胖……

如果我的天赋能早点被发现……

如果我能交上哪怕一次"好运"……

如果我能摆脱债务……

如果我没有失败……

如果我那时候知道该怎么……

如果不是人人都反对我……

如果我没那么多顾虑……

如果我能嫁/娶对人……

如果那些人不是那么笨……

如果我家里人不是那么奢侈浪费……

如果我相信自己……

如果不是运气跟我作对……

如果不是我生下来的时辰不对，天生命不好……

如果那句"该来的总会来"不是真的……

如果我没有工作得那么拼命……

如果我没有失去我的钱……

如果我住在另一区……

如果我没有那样的"过去"……

如果我有桩自己的生意……

如果其他人肯稍微听我说一说……

如果×××这是所有托词里最厉害的一个×××

如果我有勇气审视真正的自己，我会找出自己的问题在哪里，纠正它，然后，我或许就能从错误中得到一个机会，从别人的经验中学到点儿东西，因为我知道，我自己有什么地方不对，不然，我现在就该登上我本该在的位置上了。如果我之前能多花些时间来分析自己的弱点，少花些时间来编造借口掩饰它们，就好了。

为失败找借口是全球通行的消遣。这种习惯大概和人类历史一样古老，它是阻碍成功的致命弱点！为什么人们总抱着自己喜爱的借口不放？答案很明显。他们为自己的借口提供保护，因为正是他们创造了借口！人们的借口就相当于他们自己用想象力创造出的孩子。保护自己大脑的产物是人类的天性。

编造借口是一种根深蒂固的习惯。习惯是很难打破的，如果它们能够为我们所做的某些事情提供辩护，就更是如此。柏拉图早就明了这个真理，因此他说出了："战胜自我是最大的胜利。被自我战胜是最糟的耻辱，比一切都糟糕。"

另一位哲学家也有同样的看法，他说："我在他人身上所见到的丑陋，正是自己本性的投影，这是我最惊讶的发现。"

"我常常觉得这是个难解之谜，"阿尔伯特·哈伯德说，"为什么人们要花那么多时间去编造借口，掩饰他们的缺点，故意欺骗他们自己？如果将同样的时间花在修正弱点上，他们早就成功了，自然，到那时也就不需要借口了。"

结束在即，我想要提醒你，"生活就是一盘棋，坐在你对面的对手就是时间。如果你犹豫不决，举棋不定，或是不肯快些行动，你整个人都将被时间从棋盘上抹去。你在和一个不容忍优柔寡断的搭档对弈！"

从前你或许还能有合理的解释，可以不逼迫生活依照你想要的方式出现，可这些借口如今已经不成立了，因为你得到了打开生命中丰富宝藏的"万能钥匙"。

这把"万能钥匙"是看不见摸不着的，可它非常强大！它给予你特权，让你能够在自己的脑海中燃起对某种明确可见的财富的炽烈欲望。使用这把"钥匙"不会受到任何惩罚，可放弃使用却需要付出代价。代价就是失败。而你若是肯拿起这把"钥匙"开始使用，回报将是巨大的。凡是能够战胜自我、敢于逼迫生活支付他想要的一切的人，这就是对他的奖赏。

奖赏是与你的努力相匹配的。你准备好满怀信心地迈出第一步了吗？

"如果有缘，"不朽的爱默生如是说，"我们总会相遇。"最后，我想借用他的思想作为结尾，说一句："如果有缘，我们总会在这些书页里相遇。"

思考致富

作者 _ [美] 拿破仑·希尔　　译者 _ 杨蔚

产品经理 _ 黄迪音　　装帧设计 _ 吴偲靓　　产品总监 _ 李佳婕

技术编辑 _ 顾逸飞　　责任印制 _ 梁拥军　　出品人 _ 许文婷

果麦

www.guomai.cn

以 微 小 的 力 量 推 动 文 明

图书在版编目（CIP）数据

思考致富 /（美）拿破仑·希尔著；杨蔚译. —广
州：广东人民出版社，2023.5
　　ISBN 978-7-218-16578-3

Ⅰ．①思… Ⅱ．①拿… ②杨… Ⅲ．①成功心理—通
俗读物 Ⅳ．①B848.4-49

中国国家版本馆CIP数据核字（2023）第078198号

SIKAO ZHIFU
思考致富

[美]拿破仑·希尔　著　　杨蔚　译　　　　　　版权所有　翻印必究

出　版　人：肖风华

责任编辑：李　敏　温玲玲
装帧设计：吴偲靓
责任技编：吴彦斌　周星奎

出版发行：广东人民出版社
地　　　址：广州市越秀区大沙头四马路 10 号（邮政编码：510199）
电　　　话：（020）85716809（总编室）
传　　　真：（020）83289585
网　　　址：http://www.gdpph.com
印　　　刷：河北鹏润印刷有限公司
开　　　本：880 毫米 ×1230 毫米　1/32
印　　　张：9.75　字　　数：206 千
版　　　次：2023 年 5 月第 1 版
印　　　次：2023 年 5 月第 1 次印刷
定　　　价：45.00 元

如发现印装质量问题，影响阅读，请与出版社（020-85716849）联系调换。
售书热线：020-87716172